ARCHIV FÜR LAGERSTÄTTENFORSCHUNG
Heft 80

HERAUSGEGEBEN VON
PROF. DR. ERICH LANGE
PRÄSIDENT DER GEOLOGISCHEN
LANDESANSTALT BERLIN

ERICH SEELIGER

PSEUDOHYDROTHERMALE Pb-Zn-ERZGÄNGE IM RUHRGEBIET UND IM GEBIET VON VELBERT-LINTORF

Eine Untersuchung über die Einflüsse heißer Zechsteinsalzlösungen auf Pb-Zn-Erze am Beispiel der Erzgänge von Christian Levin in Essen und von Stein V in Hüls bei Recklinghausen

AKADEMIE-VERLAG GMBH · BERLIN 1950

Arch. Lagerst.-Forschg., H. 80

Erschienen im Akademie-Verlag GmbH., Berlin NW 7, Schiffbauerdamm 19
Lizenz-Nr. 156 · 5103/49—6745/49
Gedruckt in der Deutschen Wertpapier-Druckerei Leipzig
Bestell- und Verlagsnummer: 2014/80
Preis: 9.— DM

INHALT

АННОТАЦИЯ

Псевдогидротермальные рудные жилы Рурской области и района Фельберт-Линторф.

Автор рассматривает влияние горячих соляных растворов цехштейна на руды Pb-Zn и на примере рудных жил на участках Христиан Левин в г. Эссен и Штейн V в дер. Гюльс около г. Реклингхаузен.

Работа посвящена доступному наблюдению влияния горячих насыщенных растворов солей на жилы руд Pb-Zn на участках Христиан Левин и Штейн V в Рурской области. В подробном описании парагенеза доказывается, что в рамках преобразования свинцового блеска, обманки, медного колчедана и серного колчедана образуется легко растворимые хлориды, оксихлориды и сульфаты и что из растворившихся частей этих соединений, транспортируемых циркулирующими соляными растворами образуются новые сульфиды. При помощи сравнения различных по возрасту сульфидов, автор показывает, что эти месторождения должны были образоваться при наличии насыщенных растворов Na-Cl и утверждает, что наблюдаемые процессы представляют собой только последнюю степень образования месторождений. Полное отсутствие признаков позднего герцинского магматизма в Рурской области и тот факт, что соль цехштейна и медистый сланец по всей вероятности подверглись одновременному сносу в период между триасом и верхним мелом приводят автора к убеждению, что эти месторождения, которые по своему внешнему виду, хотя и подобны гидротермальным телемагматическим образованиям, следует об'яснить, как псевдогидротермальные образования. Осаждение новых сульфидов происходило только в тех местах, где притоки поверхностой пресной воды могли разрушить комплексы. Коренным изменением условий грунтовой воды, происшедшим вероятно во время трансгрессии сеноманского моря, в основном закончилось образование месторождений, однако латерально-секреционное засолонение воды в позднейшее время привело к образованиям внутри рудных тел.

SUMMARY

Pseudohydrothermal Pb-Zn-ore veins in the Ruhr-District and in the neighbourhood of Velbert-Lintorf.

A study showing the influence of hot Permian salt solutions on Pb-Zn-ores as found in the ore veins of Christian Levin at Essen and Stein V at Hüls near Recklinghausen.

The treatise deals with the at present to be observed influences of hot concentrated Permian salt solutions on Pb-Zn-ore veins of Christian Levin and Stein V in the Ruhr-District. In a detailed description of the paragenesis is shown, that in the case of alterations of Galena, Zincblende, Chalcopyrite and Pyrite easely soluble chlorides, oxychlorides and sulphates originate and that out of the dissolved particles of these compounds, which are moved through the circulation of brine, new sulphides are precipitated. Comparing sulphides of different age in the deposits the author points out, that the primary origin has taken place in the presence of concentrated NaCl-solutions and maintains that the observed changes are only the latest phase of the formation of the mineral deposits. The complete absence of any symptoms of late varistian magmatism in the Ruhr-District and the great probability of a simultaneous denudation of Permian salt bed and Kupferschiefer in the district in the period between Trias and Upper Cretacious have convinced the author that the deposits which in the phenotype equal hydrothermal telemagmatic deposits, from a genetic point of view are to be considered as pseudohydrothermal. Precipitation of new sulphides only occurred, where through addition of none salt carrying surface-waters a destruction of the compounds could occur.

With a fundamental change of the deep ground-water-conditions, probably with the transgression of the Cenomanian sea, the formation of the deposits in general ceased. The latest Lateralsecretion however, bringing salt into the water, laid later on to the alterations inside the ore-bodies.

RÉSUMÉ

Les gîtes métallifères pseudo-hydrothermaux de la Ruhr et du district de Velbert-Lintorf.

Dans cet ouvrage l'auteur étudie l'influence des solutions salines chaudes de Zechstein sur les minérais de Pb et de Zn en se basant sur l'exemple des filons métallifères de la concession Christian Lewin à Essen et de celle de Stein V près de la ville de Recklinghausen.

Cette étude est consacrée à l'observation accessible de l'influence des solutions salines concentrées chaudes sur les filons métallifères de Pb et de Zn des concessions Christian Lewin et Stein V de la région de la Ruhr. Dans la description complète de paragénèse l'auteur démontre qu'à la suite des transformations de galène, de blende, de chalcopyrite et de pyrite on reçoit des chlorures, des oxychlorures et des sulfates très solubles et que leurs parties solubles, transportées par des solutions salines, donnent des sulfures nouveaux. Par comparaison des sulfures d'âge différent, l'auteur montre que ces gisements devaient se former à l'aide des solutions saturées de NaCl et affirme que ces formations représentent le dernier stade de la formation des gîtes. L'absence complète des signes de magmatisme hercynien tardif dans la Ruhr et le fait que le sel de Zechstein et le schiste cuprifère ont subi l'érosion commune entre le Trias et le Crétacé sup., confirme l'auteur dans la conviction que ces gisements, qui ont l'aspect extérieur hydrothermal, sont en réalité pseudo-hydrothermaux. La précipitation des sulfures nouveaux a eu lieu seulement dans les endroits où l'afflux des eaux superficielles a pu détruire les complexes.

C'est par le changement radical des eaux de profondeur, arrivé sans doute pendant la transgression cénomanienne que s'est terminée la formation des gisements, mais c'est la salinité latérale de l'eau beaucoup plus tard qui a donné naissance aux gîtes métallifères.

VORWORT

Anlaß zur vorliegenden Arbeit waren Beobachtungen, die Prof. Dr. Paul RAMDOHR auf einem Erzgang im Felde der Steinkohlenzeche Christian Levin in Essen machte. Er fand dort erstmalig relativ große Mengen des sonst in der Natur sehr seltenen Minerals Cotunnit ($PbCl_2$) und stellte fest, daß die Neubildung der Verbindung im Einfluß des der vererzten Störung zusitzenden heißen und zugleich hoch NaCl-haltigen Tiefengrundwassers auf Bleiglanz vor sich geht. Im Anschluß an seine eigenen Arbeiten stellte er mir die Aufgabe, die Einflüsse der Solwässer in ihrem Ausmaß und ihrer allgemeinen Verbreitung auf den Erzgängen des Ruhrgebietes näher zu untersuchen.

Im Sommerhalbjahr 1946 habe ich meine Geländearbeit auf Christian Levin begonnen und sie im Sommer 1947 auf Stein V und einigen anderen Pb-Zn-Vorkommen im Ruhrgebiet sowie im südlich angrenzenden Oberbergischen Land, im Gebiet des Velbert-Lintorfer Erzbezirkes, fortgesetzt.

Allen treuen Mithelfern, die mir im Verlaufe der Arbeit entweder beratend oder mich materiell unterstützend zur Seite standen, sage ich an dieser Stelle meinen herzlichen Dank. Ganz besonders aber danke ich Herrn Prof. Dr. Paul RAMDOHR zunächst für die Großzügigkeit, mit der er mir selbst die Gestaltung des Umfanges der Problemstellung überließ, dann aber auch dafür, daß er mich im Verlaufe der Arbeit immer wieder erneut anregte und mir seinen Rat und seine Unterstützung nie versagt hat. Danken möchte ich außerdem auch Herrn Prof. Dr. Hans STILLE für das Interesse, das er mir schenkte, und für wiederholte materielle Unterstützung, durch die er mich von mancher ernsten Sorge befreit hat. Nicht zuletzt spreche ich der Grubendirektion der KRUPP'schen Bergwerke Essen, besonders Herrn Dipl.-Bergingenieur P. JAMME und Herrn Bergassessor Direktor RAUSCHENBACH und der Direktion der Gewerkschaft Stein V in Hüls, hier hauptsächlich Herrn Bergingenieur Direktor KRAUSE, für zahlreiche Gefälligkeiten meinen herzlichsten Dank aus.

EINLEITUNG

1. Problemstellung

Aufgabe der Arbeit soll es zunächst sein, eine Lücke im Schrifttum über die deutschen Pb-Zn-Lagerstätten zu schließen, die bis heute in Bezug auf die Vorkommen von Christian Levin und Stein V in den Feldern der Steinkohlenzechen König Wilhelm III und IV, in Essen-Dellwig, und Auguste Viktoria, in Hüls (Kreis Recklinghausen), besteht. Das bisher über dieses Gebiet veröffentlichte und unveröffentlichte Schrifttum setzt sich, abgesehen von einer kurzen Beschreibung der Vorkommen in KUKUKS „Geologie des Niederrheinisch-Westfälischen Steinkohlengebietes" (1938) aus wenigen Mitteilungen MEMPELS (1937), der sehr viel älteren und deshalb unzureichenden Arbeit BOEKERS (1906) und einem bisher meines Wissens noch nicht veröffentlichten Gutachten BODES zusammen.

RAMDOHRS Cotunnitfunde und seine eben erschienene Arbeit über orientierte Verwachsungen dieses Minerals auf Bleiglanz haben das Augenmerk auf Umbildungsvorgänge gelenkt, die im Einfluß des Tiefengrundwassers, das hier in Form heißer konzentrierter NaCl-Lösungen auftritt, auf die sulfidische Vererzung vor sich gehen. Eine der Hauptaufgaben der Arbeit ist es, mit einer Übersicht über die Paragenese der sekundären Schwermetallverbindungen möglichst alle Vorgänge zu zeigen, die aus der Höhe der Cl-Ionenkonzentration und aus den oxydierenden und reduzierenden Einflüssen des Tiefengrundwassers resultieren.

Man ist in den älteren Arbeiten den eigentlich interessierenden Grundfragen nach dem Alter und der Herkunft der Vererzung entweder ganz aus dem Wege gegangen, oder man hat die Entstehung der Vorkommen unter dem Zwang eines konventionellen Vorstellungskreises mit einem hypothetischen Tiefengesteinskörper in Verbindung gebracht, von dem irgendwann einmal, vielleicht im Spätpaläozoikum oder Mesozoikum, irgendwie geartete Erzlösungen in die Spaltenräume eingewandert sein sollen. Aus der Verbreitung der Sekundärbildungen in den Erzgängen im Ruhrgebiet und im Gebiet von Velbert-Lintorf ergaben sich, in Verbindung mit der wahrscheinlich zeitlich schon sehr langen Beeinflussung älterer Mineralsulfide durch Zechsteinsalzlösungen, als weitere Probleme die Fragen, wie weit die beobachteten Vorgänge das Schicksal der Lagerstätten beeinflußt haben und ob und in welchem Umfang Zechsteinsalzlösungen selbst Träger von Schwermetallionen sein können.

2. Arbeitsmethoden

Die wiedergegebene Kenntnis von den Erzgängen von Christian Levin und Stein V stützt sich auf insgesamt 120 Grubenfahrten und auf ein recht umfangreiches Material von Handstücken, das in besonderem Hinblick auf die umgestaltenden Einflüsse der Sole aufgesammelt worden ist.

Die Bestimmung der sekundären Bildungen konnte nicht analytisch-chemisch erfolgen, weil das Material den älteren Sulfiden nur in unscheinbaren dünnen Krusten aufsitzt. Die relativ große Gesamtmenge dieser Mineralien verteilt sich fein über das ganze Erzvorkommen, und auf einem Einzelkristall, z. B. von Bleiglanz, ist fast immer eine ganze Anzahl verschiedenerVerbindungen zu beobachten. So mußte ich auf die von LARSEN & BERMAN (1934) fortentwickelte Einbettungsmethode zurückgreifen, die es noch ermöglicht, sehr kleine Mengen durchsichtiger Mineralien bequem und auch sicher optisch zu diagnostizieren. Weil der größte und interessanteste Teil der sekundären Pb-Verbindungen in seinen Werten der Lichtbrechung sich etwa zwischen 1,85 und 2,10 bewegt, mußte als Voraussetzung für eine Bestimmung auf diese Weise zunächst nach einer Flüssigkeit mit extrem hohem Brechungsindex gesucht werden. S-Se-Schmelzen sind hier ungeeignet, weil schon bei kurzer Erhitzung auf die relativ hohen Schmelztemperaturen ein Teil der Sekundärverbindungen nicht haltbar ist. Für alle vorkommenden Fälle brauchbar erwies sich ein 1936 von C. D. WEST empfohlenes Gemisch von Schwefel, Phosphor und Methylenjodid mit *n* 2,00. Die Flüssigkeit ist fast ungefärbt, wasserklar und unter bestimmten Voraussetzungen auch längere Zeit haltbar. Bei der Bestimmung der wenigen Verbindungen mit noch höherem Index haben Schmelzen von Phosphor und ein schlecht haltbares Gemisch von Se, P und CH_2I_2 mit *n* 2,10 durchaus zufriedenstellende Dienste getan.

In einigen Fällen ist eine Identifizierung der Neubildungen nicht möglich gewesen. Hier besteht Grund zur Annahme, daß es sich um bisher in der Natur nicht beobachtete Bildungen handelt. Ihre Bestimmung wird das Ziel weiterer Arbeit sein.

In Anbetracht der räumlich engen Nachbarschaft der Lagerstätten des Oberbergischen Landes zum Ruhrgebiet muß auch diesen Vorkommen im Rahmen dieser Arbeit Beachtung geschenkt werden. Naturgemäß stützt sich hier meine Kenntnis weitgehend auf ältere Arbeiten, und es konnte nur eine Untersuchung aufgesammelten Haldenmaterials erfolgen.

3. Allgemeine geologische Verhältnisse

Arbeitsgebiet ist das unmittelbar östlich Düsseldorf gelegene Gebiet des Velberter Sattels und der sich nach Norden daran anschließende westliche Teil des Ruhrgebietes. Die im nördlichen Gebietsteil von transgredierenden Zechstein- und Oberkreideschichten überdeckten oberkarbonischen Ablagerungen und die im Velberter Sattel aufgeschlossenen unterkarbonischen und oberdevonischen Sedimente sind im Rahmen der Entstehung des Außenvaristikums gefaltet, und zwar mittelvaristisch-asturisch am Ende der westfälischen Zeit aus der subvaristischen Saumtiefe hervorgegangen. Dabei entstanden die so charakteristischen WSW-ONO streichenden Spitzfaltenzüge mit meist schmalen und steilen Antiklinalen und flacheren, relativ breiten Mulden.

So wechselvoll auch das Schicksal des Gebietes im Mesozoikum gewesen sein mag, so sind offenbar doch überwiegend langandauernde Vorgänge der Abtragung, unterbrochen von relativ kurzen Zeitabschnitten mariner Überflutung und Sedimentation, von wesentlich gestaltender Bedeutung für das Gebiet. Schon das Meer des Zechsteins transgredierte auf ein bereits teilweise eingeebnetes Rumpfgebirge. Zechsteinablagerungen, die auch hier durch salinare Einschaltungen und das Vorkommen von Kupferschiefer mit Gehalten an Schwermetallsulfiden ausgezeichnet sind, wurden noch vor Eintritt der zweiten marinen Überflutung im Cenoman bis auf wenige Relikte im NW des Gebietes zerstört.

Eine postasturische orogene Umformung des Gebietes ist zwar eingetreten, doch hat sie sich in der Hauptsache zunächst auf die Anlage von Bruchlinien durch Querzerrungsvorgänge beschränkt, an denen im jüngeren Mesozoikum und Känozoikum wiederholt Bewegungsvorgänge eingetreten sind. Selbst die Auswirkungen der postkretazischen laramischen Phase, in der sich bekanntlich die Auffaltung von Osning und Wiehengebirge vollzog, machen sich im Arbeitsgebiet kaum geltend.

Abgesehen von initialen Vulkaniten devonischen Alters sind magmatische Gesteine aus dem gesamten Nordrandgebiet des Schiefergebirges und dem Untergrund des Kreidebeckens von Münster unbekannt. Lediglich in Eigentümlichkeiten des gegenwärtigen Inkohlungszustandes der Flöze des Produktiven und in der Häufigkeit gangförmiger tieftemperierter Pb-Zn-Lagerstätten glaubte man Auswirkungen eines auf größere Erdtiefen beschränkten jung- oder nachvaristischen Plutonismus erblicken zu können, wobei hinsichtlich der Lagerstätten auch der far traveller-Charakter ihrer Mineralparagenese gewichtig mitsprach.

Über die Lagerstätten des Velbert-Lintorfer Erzbezirkes geben die älteren Arbeiten von BOEKER (1906), FRIEDENSBURG (1911), GRODDECK (1881), KUEPPERS (1892), STOCKFLETH (1894), SCHRADER (1880, 1884), ZIMMERMANN II (1909, 1932) u. a. Auskunft. Besonders BOEKER erscheint ein genetischer Zusammenhang mit den Lagerstätten des Ruhrgebietes naheliegend, und er beschreibt eine ganze Anzahl von Einzelvorkommen auch aus dem produktiven Karbon. Heute sind weit über 100 Fundstellen von Bleiglanz und Blende im Ruhrgebiet bekannt. Wirtschaftliche Bedeutung haben z. Z. nur zwei — das Vorkommen von Christian Levin im Felde König Wilhelm III und IV und der William-Köhler-Gang der Gewerkschaft Stein V im Gebiete der Zeche Auguste Viktoria in Hüls bei Recklinghausen — und u. U. ein drittes, nur aus Bohrungen bekanntes Vorkommen im Felde Stinnes bei Wulfen.

Bei einem Vergleich aller Pb-Zn-Lagerstätten des Gebietes zeigt sich, daß manche Eigenschaften allen Vorkommen gemeinsam eigentümlich sind. Man kann daraus schließen, daß das Auftreten bauwürdiger Erzanreicherungen an bestimmte, und zwar offenbar gleiche Voraussetzungen geknüpft ist und daß deshalb auch engere genetische Beziehungen zwischen allen Vorkommen bestehen müssen.

A. VORAUSSETZUNGEN FÜR DAS AUFTRETEN BAUWÜRDIGER Pb-Zn-LAGERSTÄTTEN IM RUHRGEBIET UND IM OBERBERGISCHEN LAND

1. Bindung an Querverwerfer

Die Blei-Zink-Erzgänge des Oberbergischen Landes und des Ruhrgebietes sind an herzynisch gerichtete Querverwerfungen gebunden, d. h. an Störungen, die in SO-NW-Richtung streichen und die erzgebirgisch gerichteten Faltenelemente etwa querschlägig durchschneiden. Mit dieser Bindung sind Vorkommen von Pb-Zn-Sulfiden z. B. durch die Grubenbaue von Benthausen im oberen Mitteldevon, im Kern des Velbert-Nevigeser-Devonsattels und auch aus oberdevonischen und unterkarbonischen Schichten bekannt. Die Gänge sind in einigen Fällen in ihrer Fortsetzung nach Norden untersucht und schon von FRIEDENSBURG (1911) und anderen als ins produktive Karbon hineinsetzend erkannt worden. Alles Wesentliche über die Störungen ist bereits 1906 von BOEKER in besonderer Berücksichtigung der Erzführung des Velberter und Mintarder Grubenbezirkes beschrieben worden. Es bleibt hier nur festzustellen, daß das von ihm Gesagte auch für die Verwerfungen im produktiven Karbon des Ruhrgebietes zutrifft. Man darf in beiden Gebieten drei Hauptstörungsgruppen unterscheiden. Die älteste Gruppe bilden die bekanntlich noch asturisch mitgefalteten hier nicht interessierenden Überschiebungen. Ihr folgen, dem Anlagealter nach, die herzynisch gerichteten echten Querverwerfungen, die nach Abschluß des eigentlichen Faltungsvorganges unter Dehnung des Gebirgskörpers in Richtung seiner Faltungsachsen entstanden. Markscheiderisch festgestellte Blattverschiebungen innerhalb der Erzgänge von Auguste Viktoria und Christian Levin bieten unter Umständen einen Hinweis auf ein hohes Anlagealter der Störungen, für das heute allgemein die Wende zwischen Unter- und Oberrotliegend angenommen wird. Die Altersstellung der jungen und jüngsten Störungen des Gebirges ist nicht zu klären, weil sich die jungen orogenen Vorgänge nachweislich mindestens einmal, aber wahrscheinlich wiederholt, an den altangelegten Verwerfern posthum ausgewirkt haben. Da die älteste in den Erzgängen immer sicher nachweisbare Posthumbewegung in die Zeit der Erzabscheidung fällt, ist ihr Alter, wie noch gezeigt werden wird, sicher zu begrenzen. Alle noch jüngeren Störungserscheinungen möchte ich als dritte Gruppe an den Rand der Betrachtungen stellen.

Natürlich sind die Spaltenräume auf den Verwerfern in der Hauptsache durch zerbrochenes Gesteinsmaterial erfüllt. Vererzung durch Zinkblende, Bleiglanz, Kupfer- und Eisenkies ist stets nur lokal und eng begrenzt eingetreten und nicht etwa unmittelbare Folge der Anlagebewegung oder einer Posthumbewegung, sondern z. T. bewegungsunabhängig über lange Zeiträume erfolgt und hat sich in so gleichartigen Produkten in Umbildungsvorgängen bis in die Gegenwart fortgesetzt, daß eigentlich die Abtrennung einer „Primärvererzung" von „sekundären Bildungen" unberechtigt, bzw. willkürlich ist.

2. Bindung an Sattelflanken

Durch Erzvorkommen sind im Mintarder Bezirk und im Ruhrgebiet die Flanken der Sättel bevorzugt ausgezeichnet — mit der Einschränkung, daß es sich dabei auch um ganz unbedeutende Spezialaufsattelungen handeln kann, die tektonisch bereits zu einer Mulde gehören. Im Velberter Gangbezirk ist solche Verknüpfung nicht immer deutlich, woran aber vielleicht auch z. T. die Ungunst der gegenwärtigen Aufschlußverhältnisse schuld ist.

3. Sedimentpetrographische Bindung der reicheren Vererzung

Alle bekannt gewordenen Vorkommen stehen im Hinblick auf die zur Abscheidung gelangten Erzmengen in enger Beziehung zum Nebengestein. Während Zerrungsvorgänge innerhalb fester dickbankiger Kalk- und Sandsteinserien sich in Schwächezonen der Gesteine auswirkten und zur Bildung weniger, aber breiter Spaltenräume führten, ist ein mobileres tonschieferähnliches Gesteinsmaterial zunächst in einer breiten Zone gedehnt worden, ehe es über die ganze Dehnungszone verbreitet zum Aufreißen vieler enger Spalten gekommen ist. Wo immer im Gesamtgebiet ein Abbau von Blei-Zinkerzen stattfinden konnte, haben sich zur Bildung von Verwerfungsbrekzien geeignete Gesteine auch am günstigsten vererzt erwiesen.

Solche, durch Sprödigkeit bei mäßiger Härte ausgezeichnete Gesteine sind im Velberter Gebiet besonders im Oberdevon und im Unterkarbon vertreten. Es sind vor allem die früher als Kramenzel zusammengefaßten Serien oberhalb des Dorper und Iberger Kalkes (Massenkalk). Die Flinzschiefer und Matagne-Schichten der oberen Adorfer Schichten, die Nehdener und die Velberter (Hemberg und Dasberg) Schichten stellen in ihrer Gesamtheit einen in seiner petrographischen Eigenart schnell wechselnden Schichtkomplex dar. Bedeutenden Anteil nehmen an seinem Aufbau spröde, sandige oder kalkige Tonschiefer, Kieselschiefer und kieselige Kalke. Ähnlich zeigen sich die Verhältnisse im Unterkarbon. Es haben sich z. B. in Lintorf, einem Vorkommen im Kohlenkalk, bauwürdige Erzmengen kaum in den reiner kalkigen Serien des Tournai und Visé finden lassen. Reichere Erze waren an die petrographisch wechselnden Serien des Etroeungt gebunden. Auch diese Gesteinsgruppe wird zum großen Teil aus sandigen Schiefern und Kalksandsteinen, d. h. aus relativ spröden zur Fraktur geeigneten Sedimenten gebildet. Vielleicht das bedeutendste Blei-Zinkvorkommen des Oberbergischen Landes, das Vorkommen von Selbeck, ist in Schichten kulmischer Fazies gelegen, die sich aus Kieselschiefern und Wechsellagerungen von Schiefern und festen Sandsteinen zusammensetzen und auch hier einen günstigen Einfluß auf die Erzführung ausüben.

Gleichfalls streng abhängig vom Charakter der an der Gangfüllung beteiligten Gesteine erweist sich die Bauwürdigkeit der Vererzung auf den Querverwerfern des Ruhrgebietes. Man darf aber kaum so weit gehen, von einer engen stratigraphischen Bindung der Vererzung zu sprechen und sie fast ausschließlich an den Horizont zwischen Flöz Sonnenschein und Dickebank zu fixieren. Es sind ja überhaupt erst — wenn man von der fündig gewordenen Wulfener Bohrung absieht — zwei nutzbare Vorkommen bekannt. Deren reiche Partien werden tatsächlich ungefähr von den Flözen Sonnenschein und Dickebank begrenzt. Der größte Teil der anderen Mineralfundpunkte ist um die Jahrhundertwende bekannt geworden, und da der Ruhrbergbau, vom Südrand des Gebietes ausgehend, sich allmählich nach Norden ausdehnte, in den südlichen Muldengebieten gelegen, in denen die Gas- und Gasflammkohlen noch fehlen und der Bergbau vorwiegend auf Ess- und Fettkohlen umging. Darum sind auch Aufschlüsse mineralisch erfüllter Verwerferspalten in überwiegender Menge aus Ess- und Fettkohlen bekannt. Dazu kommt, daß die große fazielle und petrographische Beständigkeit der Schichten zwischen Sonnenschein und Dickebank auf den Störungen immer wieder zu analogen, der Vererzung günstigen Verhältnissen führt. Außerdem scheint die Mechanisierung der Kohleförderung und ihre hohe Beanspruchung durch die Wirtschaft heute noch weniger Zeit zur Beobachtung geringer Mineralansiedlungen in den Störungen und Klüften des tauben Gesteins zu lassen, als das früher, in der relativ sehr stillen Zeit vor rund 50 Jahren, der Fall war. Das alles, glaube ich, muß man in Betracht ziehen, bevor man den Ausdruck stratigraphische Bindung im Sinne BODEs gebraucht.

Sicher ist dagegen eine petrographische Bindung der Anreicherungen an wechselnd harte, aber spröde Gesteine, die bei tektonischer Beanspruchung geeignet sind, in ein dem normalen Gebirgsdruck gegenüber relativ widerstandsfähiges und zugleich poriges Haufwerk von Gesteinstrümmern zerlegt zu werden.

Die dazu ungeeigneten dickbankigen Kalke, im Velberter Gebiet noch reichlich vorhanden, fehlen in den Serien des Produktiven ohnehin. Dafür sind hier mächtige Sandsteinserien verbreitet und auch die Häufigkeit von milden Ton- und Alaunschiefern hat es in vielen Störungsteilen nicht zur Abscheidung von Mineralbildungen kommen lassen; denn ihre hohe Mobilität — das läßt sich gerade auf Levin gut beobachten — hat noch vor Abscheidung der wertvollen Erze die Schließung ursprünglich vorhandener Spaltenräume zur Folge gehabt. Wo eine reiche Vererzung beobachtet ist, bilden das Nebengestein entweder sandige Schiefer oder Sandschiefer, die nach BAERTLING & BREDDIN (1937) aus Wechsellagen von Tonschiefern und Sandsteinen bestehen. Lokal können auch feinkörnige oder quarzitische Sandsteine noch bauwürdig vererzt sein.

Die statistisch überdurchschnittliche Häufigkeit der Lage der Fundpunkte in den oberen Ess- und unteren Fettkohlen und innerhalb dieser Serie wieder zwischen Flöz Sonnenschein und Dickebank ist bereits erwähnt. Es sind aber aus den älteren Abbauen, die im Süden des Gebietes in den Kernteilen des Stockumer und Wattenscheider Sattels umgingen, in einigen Fällen ganz sicher, in anderen sehr wahrscheinlich, auch in der Magerkohle und der unteren Esskohle Blei-Zink-Eisen-Sulfide gefunden worden, und auch aus den oberen Fettkohlen und den Gas- und Gasflammkohlen sind einige Vorkommen bekannt.

4. Bindung an NaCl-haltiges Tiefengrundwasser

Grundsätzlich gleichartig sind die Tiefengrundwasserverhältnisse auf den vererzten Störungen des Gebietes. Wenn man vom Velberter Gangbezirk absieht, sind alle bekannt gewordenen Erzvorkommen mit Tiefengrundwasser vergesellschaftet, das sich durch wechselnde, meist hohe NaCl-Gehalte auszeichnet (max. 12% NaCl) und den Störungen direkt zusitzt. Auffällig sind fast immer hohe Temperaturen (25—52° C), die örtlich — z. T. durch den Bergbau bedingt — stark schwanken, in der Nähe der Erzvorkommen aber meist außergewöhnlich hoch zu liegen scheinen. Da der chemische Charakter der Solwässer für den Bergbau von unangenehmem Interesse sein kann, existiert ein umfangreiches Analysenmaterial, das in seinen Einzelergebnissen aber nur örtlich Beachtung verdient. Die wesentlichen Verschiedenheiten äußern sich im Vorhandensein bzw. Fehlen der Kationen K, Mg, Ca, Ba, Fe und der Anionen CO_3, Cl, SO_4 und S. Sie sind leicht durch lokale Ausfällung schwer löslicher Verbindungen bzw. durch örtlich begrenzte Auflösung von Kluftmineralien zu erklären. Verschiedenheiten des Tiefengrundwassers hinsichtlich des Mengenanteils des gelösten NaCl sind allgemein zu beobachten und als Verdünnungen infolge Zuflusses von Oberflächengrundwasser zu deuten.

Das Grundwasser des Deckgebirges versickert in unkontrollierbaren Mengen ins Grundgebirge, oxydiert hier in den Gesteinen vorhandene Mineralsulfide und Karbonate und bildet sich dabei zu einem an SO_4- und CO_3-Ionen reichen Übergangstyp um, der in den Zuflüssen aus stillgelegten Abbausohlen analysierbar vorliegt. Die Menge des versickernden Oberflächengrundwassers ist abhängig von den allgemeinen Grundwasserverhältnissen im Deckgebirge, von den mit örtlich wechselnder Fazies sehr wechselvoll gestalteten Gesteinen, die es aufbauen, und von ihrem tektonischen Beanspruchungszustand. Beobachtete Zuflüsse von Oberflächengrundwasser ins Grundgebirge können also örtlich sehr verschiedene Ursachen haben. Nur selten werden dagegen die Grundgebirgsgesteine selbst Abwärtsbewegungen der Tagewässer erlauben, vielmehr wird ihr Weg hier hauptsächlich von der Klüftung vorgeschrieben, die infolge häufiger Durchrüttung des alten Gebirges örtlich ganz außerordentlich stark sein kann.

Die Menge der Zuflüsse zum Tiefengrundwasser ist insofern zeitlich veränderlich zu denken, als jede Gebirgsbewegung tektonischer oder auch lokal atektonischer Natur eine Veränderung des Klüftungszustandes und Veränderung der Zuflußmenge verursachen muß, ganz besonders dann, wenn den Bewegungen des Gebirges Transgressionsbewegungen des Meeres folgen, wie das im Laufe der geologischen Vergangenheit des Gebietes der Fall gewesen ist. Tektonische Vorgänge haben sich in den Sattelgebieten des varistischen Gebirgskörpers bekanntlich stärker störend ausgewirkt als in den benachbarten Mulden, und ich glaube, daß aus diesem Grunde auch gerade von den Sattelzügen aus bevorzugt Sickerwasserzuflüsse ins Tiefengrundwasser erfolgen.

Da fortwährende Zuflüsse auch dauernde oberirdische Abflüsse fordern, tritt auf den Störungen Zirkulation der zusitzenden Sole ein. Sie folgt den offenen Spaltenräumen auf den Verwerfern und den breiten Trümmergesteinszonen, von denen aus gleichzeitig die Oberflächenwässer ins Tiefengrundwasser diffundieren.

Naheliegend ist, daß die Solquellen des Hellwegs am Südrand des Beckens von Münster zum Teil als Produkte der Solenzirkulation auf den Querverwerfern anzusehen sind.

Allgemein bekannt ist, daß die NaCl-Gehalte des Tiefengrundwassers im Ruhrgebiet durch Abtragung zerstörten permischen, nach FULDA (s. KUKUK 1938) auch triadischen, Salzlagerstätten entstammen, deren Relikte in mächtigen Anhydrit- und Gipseinschaltungen schon unmittelbar am Südrand des heutigen Verbreitungsgebietes des Zechsteins vielfach aus Bohrungen und Schachtaufschlüssen bekannt sind.

Die Einwanderung des NaCl ins Tiefengrundwasser ist zunächst im Rahmen allgemeiner Abtragungsvorgänge der Deckgebirgsschichten in präcenomaner Zeit zu verstehen, dann aber mag auch, nachdem der Zechstein posthum mit verworfen war, von den Verwerfern aus lateralsekretionäre Lösung der Zechsteinsalze stattgefunden haben.

Da die Ausbisse der Erzgänge des Velbert-Wülfrather Gangbezirks im direkten Einfluß der Tagewässer liegen, ist Tiefengrundwasser der oben beschriebenen Art auf ihnen nicht bekannt geworden und auch gar nicht oder erst in sehr großer Teufe zu erwarten. Hier hat seit langer Zeit Hutbildung eingesetzt und zur Entstehung charakteristischer sekundärer Mineralien geführt, deren Auftreten in den Gängen der anderen Gebietsteile durch das Vorkommen von Solwässern zum Teil ganz verhindert, zum Teil stark unterdrückt wurde. Trotzdem wird gezeigt werden, daß auch auf den Velberter Gängen einst Solwässer zirkulierten, gleichartig denen, die auf den Erzgängen von Selbeck und Lintorf zu beobachten waren und die heute noch auf den Gangspalten des Ruhrgebietes auftreten.

Mehr noch als das bisher Gesagte zwingt die absolute Übereinstimmung der Paragenesen zur Annahme, daß alle Vorkommen des Gebietes unter gleichen Voraussetzungen ungefähr gleichzeitig und gleichartig enstanden. Die Mineralparagenese ist es, die Zeugnis ablegt von Umbildungsvorgängen, die heute im Einfluß des Salzwassers auf die Erze vor sich gehen. Sie weist darauf hin, daß die zu beobachtenden Vorgänge nur gegenwärtiges Endglied steter Wiederholung des gleichen Vorganges innerhalb des Bildungsablaufes der Vorkommen sind, daß also letzten Endes in rezent gebildeten Sulfiden genetisch Äquivalente zu den älteren Bildungen vorliegen.

B. DIE PARAGENESE IN IHREN BEZIEHUNGEN ZUM TIEFENGRUNDWASSER

1. Vorbemerkungen

Die Untersuchung der Einflüsse des NaCl-haltigen Tiefengrundwassers auf die Gestaltung, bzw. Umgestaltung von Mineralgesellschaften ging von den Erzgängen des Ruhrgebietes aus, beschäftigte sich hier speziell mit den eigentümlichen paragenetischen Verhältnissen auf zwei Lagerstätten, die im Felde Levin auf den Randstörungen eines schmalen Grabens (Prosper- und Vondernsprung) eng nebeneinander auftreten; dann ist zum Vergleich auch das Vorkommen von Stein V auf der Bickefelder Störung näher untersucht. Die Mineralbeschreibung der Erzgänge des Südgebietes ist an Hand von Haldenmaterial der in diesem Gebietsteil heute sämtlich aufgelassenen älteren Grubenbaue erfolgt und ist, wo Lücken in der eigenen Beobachtung bestanden, durch Angaben aus älteren Arbeiten ergänzt worden. Der Vollständigkeit halber, und um an Hand der Arbeit gegebenenfalls selbst Material aufsammeln zu können, mußten Ortsangaben gemacht werden, mit denen der Leser durch eine Beschreibung der Einzellagerstätten erst dann näher vertraut gemacht werden kann, wenn er Kenntnis von den paragenetischen Verhältnissen im Gesamtgebiet genommen hat.

Die Einflußnahme des heißen, NaCl-haltigen Tiefengrundwassers umfaßt alle Glieder der Paragenese, beschränkt sich also nicht nur auf die Umbildung der bereits geologisch früh in den Spaltenräumen abgeschiedenen Erzminerale Bleiglanz, Blende, Kupferkies und Eisenkies, sondern betrifft auch die Gangarten Quarz, Ankerit, Dolomit, Calcit und Schwerspat und bewirkt, daß alle Glieder der Paragenese als Neubildungen noch rezent, bzw. subrezent entstehen. An dieser jüngsten Mineralgesellschaft nehmen mit relativ großer Zahl und Menge Oxydationsverbindungen und Chloride Anteil. Seltsam mutet das Erscheinen von Oxyverbindungen besonders der Teufenlage (400—800 m) wegen an, in der man im allgemeinen schon mit in mancher Hinsicht an hydrothermale Bedingungen erinnernden Tiefengrundwasserverhältnissen zu rechnen hat, d. h. mit Bedingungen, die das Auftreten von Sauerstoffverbindungen nicht mehr zulassen. Die Hauptbedeutung der sekundären Schwermetall-Sauerstoff- und Schwermetall-Chlor-Verbindungen liegt in ihrer leichten Löslichkeit und Transportierbarkeit und darin, daß nach ihrer Lösung im Tiefengrundwasser durch freies Na_2S, NaHS oder H_2S aus ihnen wieder Schwermetallsulfide reduziert werden können.

Um die Neubildungen und die gestaltende Bedeutung des Tiefengrundwassers so zu würdigen, wie sie es verdienen, hält sich die gewählte Gliederung nicht an die übliche Einteilung der Mineralien, sondern geht von den für die Bildung der Sekundärverbindungen maßgeblichen geochemischen Vorgängen aus und reiht dieselben in der genetisch richtigen Folge aneinander. Einzelvorgänge werden ihrer Bedeutung nach geordnet, wobei die Bedeutung an der Häufigkeit einer Mineralgruppe oder eines Minerals gemessen ist.

2. Oxydationsvorgänge als Ursache der Entstehung von Sekundärmineralien

a. Bildung von Sulfaten

α) Aus Schwermetallsulfiden. Schon die Streckenluft führt in Verbindung mit zutropfenden Wässern zur Bildung von Sulfaten, wenn Luftsauerstoff und Wasser gemeinsam auf Sulfide, besonders auf Eisenkies, einwirken. Die neugebildeten einfachen Verbindungen sind gewöhnlich durch hohe Kristallwassergehalte ausgezeichnet. Sie entstehen gewissermaßen auch tertiär aus sekundären Sulfaten meist niedriger Hydratstufen, hängen sonst aber genetisch nicht mit den hier interessierenden Sekundärverbindungen zusammen, für deren Bildung Einflüsse des NaCl-haltigen heißen Tiefengrundwassers vorausgesetzt sind. Es kann in diesem Sinne zunächst im direkten Einfluß der Sole auf die Sulfide zur Bildung von Sulfaten kommen, oder es kann durch Oxydation eines besonders leicht oxydierbaren Sulfides — hier ist es der Markasit, der in allen Vorkommen in großer Menge auftritt — eine Anreicherung der Sole mit mineralischer H_2SO_4 eintreten. Die Konzentration der Säure kann örtlich so groß werden, daß sie ihrerseits die Sulfide oxydierend beeinflußt und zur Bildung von Pb-Zn-Cu-Fe-Sulfaten führt. Die Anwesenheit von Fe^{III}- und Cu^{II}-Sulfaten begünstigt die Oxydation des Bleiglanzes (SCHARIZER 1909), indem seiner Oxydation eine Reduktion der Fe^{III}-Cu^{II}-Verbindungen in Fe^{II}-Cu^{I}-Verbindungen parallel geht. Außerdem werden aus gelösten Chloriden bei Anwesenheit von SO_4-Ionen gelegentlich schwer lösliche Sulfate gefällt.

Durch derartige Vorgänge entstanden, fanden sich:

Melanterit $FeSO_4 \cdot 7H_2O$. Melanterit ist das häufigste Verwitterungsprodukt in den pyritreichen Partien der Erzgänge. Das wasserblaue bis hellgrüne monoklin-prismatische Mineral tritt vorwiegend in fasrigen Aggregaten nach c gestreckter Kristalle auf. Aus zutropfenden Wässern schön auskristallisiert findet es sich auf Auguste Viktoria (Revier E 1N). Die relativ großen, sehr schön klaren Kristalle zeigen (110) und (001), klein oft (101). Sie verwittern an der Luft leicht unter Trübung und werden allmählich pseudomorph vielleicht von $FeSO_4 \cdot 5H_2O$ (Siderotil?) oder $FeSO_4 \cdot 3H_2O$, bzw. $FeSO_4 \cdot H_2O$ (Schmöllnitzit) verdrängt. Die optischen Merkmale sind: Niedrige positive Doppelbrechung, niedrige Lichtbrechung $n_\alpha = 1.471$, $n_\beta = 1.478$, $n_\gamma = 1.486$; $2V = 86°$. Die Bildung des Minerals geschieht fast immer unabhängig vom Einfluß des Tiefengrundwassers.

Römerit $Fe^{II} Fe^{III}_2 (SO_4)_4 \cdot 14H_2O$. Tritt an einer Durchörterungsstelle des Leviner Erzganges nahe dem Wetterschacht im Neukölner Gebiet (VI. Sohle Neuköln) in größerer Menge neben Melanterit als Zersetzungsprodukt von derbem Eisenkies auf Das rosa bis bräunlich gefärbte Mineral ist triklin, die Kristalle sind taflig, zeigen hohe negative Doppelbrechung und starke Dispersion bei $r > v$. $n_\alpha = 1.524$, $n_\beta = 1.571$, $n_\gamma = 1.583$; 2V nach HINTZE f. Na 57°45′. In bestimmten Schnittlagen deutlich pleochroitisch zwischen rosa und gelblich. Sehr auffällig sind anomale Interferenzfarben.

Copiapit $RO \cdot 2Fe_2O_3 \cdot 6SO_3 \cdot 22H_2O$ (LARSEN & BERMAN) kommt in verschiedener Form in weiter Verbreitung auf den Lagerstätten als Verwitterungsprodukt des FeS_2 vor. Er findet sich sehr häufig in erdigen gelben Anflügen auf Melanterit, Alunogen und Halotrichit und ist gewöhnlich in Form kleiner unregelmäßig sechsseitig begrenzter Blättchen zu finden. Das Mineral ist optisch zweiachsig, mit angenähert 90° großem 2V und meist positiv, seltener negativ doppelbrechend. $n_\alpha = 1.530$, $n_\beta = 1.543$, $n_\gamma = 1.595$. So geartete Bildungen scheinen nicht immer im Zusammenhang mit den umgestaltenden Einflüssen des Tiefengrundwassers zu stehen.

Ihleit $Fe_2(SO_4)_3 \cdot 12H_2O$ (SCHRAUFF 1877). Neben eindeutig bestimmbaren Copiapiten finden sich am Nordende des Gangaufschlusses VI. Sohle auf Christian Levin auf reinen Eisenkiestrümern, aus denen ein langsames Zutropfen NaCl-haltiger Wässer zu beobachten ist, dicke orangegelbe Ausblühungen. Ihre optische Untersuchung ergab in den Werten der Lichtbrechung $n_\alpha = 1.512$, $n_\gamma = 1.573$ angenäherte Übereinstimmung mit den von LARSEN & BERMAN (1934) angegebenen Werten eines negativ doppelbrechenden Copiapits. $n_\alpha = 1.507$, $n_\beta = 1.529$, $n_\gamma = 1.573$. Dem orangegelben Mineral sitzen zitronengelbe Kristallgruppen auf, die sich opt. nicht von ihm unterscheiden lassen. Das Mineral ist opt. zweiachsig, wahrscheinlich negativ doppelbrechend und scheint entweder monoklin oder triklin zu sein. Die Kristallgruppen bestehen aus radialfasrigen Anhäufungen dünntafliger gestreckter Kriställchen. Sehr weitgehend ähnlich scheinen die Bildungen dem zuerst von SCHRAUFF (1877) beschriebenen Ihleit aus Mugrau (Böhmen) zu sein, dessen Selbständigkeit als Mineral von SCHARIZER angezweifelt wird. HINTZE (I 3/2, 1930) ist der Ansicht, daß Ihleit und Copiapit wahrscheinlich identisch sind. Die von der üblichen Form des Copiapits stark abweichenden „Ihleit-Copiapite“ vom Nordende der Gangstrecke VI. Sohle Levin mögen vielleicht nicht ganz unabhängig von Einflüssen NaCl-reicher Wässer gebildet sein.

Pisanit $(Fe, Cu)\,SO_4 \cdot 7H_2O$. Bei der ersten Untersuchung der Neubildungen von der V. Leviner Sohle sind traubig wirkende Anhäufungen kleiner hellblauer Kriställchen beobachtet, die offenbar tertiäres Verwitterungsprodukt von basischen Kupfersulfaten oder von Pb-Cu-Komplexverbindungen waren. Die Kristalle, die für Chalkanthit zu hellblau und außerdem zwar opt. zweiachsig, aber schwach positiv doppelbrechend waren und nur sehr niedrige Werte der Lichtbrechung zeigten ($n_\alpha \sim 1.47$, $n_\gamma \sim 1.50$), sind dieser Eigenschaften wegen für $CuSO_4 \cdot 7H_2O$ (Boothit) gehalten worden. Die Verbindung, die nach RETGERS (1894) erst durch isomorphe Mischung mit $FeSO_4 \cdot 7H_2O$ bei höheren Temperaturen stabil wird und von SCHALLER (1903) aus der Natur bei ungefähr 0° gebildet beschrieben wird, tritt entweder tatsächlich als Neubildung auf der V. Leviner Sohle auf oder ist beim Transport, bzw. bei der Lagerung des Materials im Winter 1947 entstanden. Gegenwärtig ist das Material zu einer weißlichen Masse verwittert.

Mischkristalle von $FeSO_4 \cdot 7H_2O$ und $CuSO_4 \cdot 7H_2O$ werden als Pisanit bezeichnet. Das Mineral tritt neben Melanterit an Durchörterungsstellen von Eisenkiestrümern auf stillgelegten Abbausohlen (IV. und V. Sohle Levin) auf. Pisanit bildet wie Melanterit gern faserige Massen, ist aber hellblau bis grünlichblau gefärbt. $n_\alpha \sim 1.47$, $n_\beta \sim 1.48$, $n_\gamma \sim 1.49$.

Chalkanthit $CuSO_4 \cdot 5H_2O$. Das Mineral ist auf Christian Levin in den pyritreichen Partien des Gangaufschlusses auf der 214-m-Sohle neben großen Mengen von Melanterit und Pisanit gefunden. Es ist Verwitterungsprodukt des Kupferkieses und dürfte unabhängig von Soleneinflüssen entstanden sein. Die kleinen dunkelblauen und verzerrten triklinen Kristalle sind sonst als Neubildungen nicht beobachtet. $n_\alpha = 1.514$, $n_\beta = 1.537$, $n_\gamma = 1.543$.

Brochantit $Cu_4(OH)_6SO_4$ gehört zu den häufigeren Neubildungen im Schwerspatvorkommen der V. Leviner Sohle, ist aber auch sonst auf Kupferkies aus anderen Teilen des Leviner Erzganges zu beobachten. Das rhombische Mineral ist durch negativen Charakter seiner Doppelbrechung und sehr großen opt. Achsenwinkel ausgezeichnet. $n_\alpha = 1.730$, $n_\beta = 1.778$, $n_\gamma = 1.803$. Während die Kristalle auf Kupferkies relativ dunkel sind, ist das Material von der V. Sohle heller, schön smaragdgrün bis lichtgrün gefärbt. Unter dem Mikroskop erkennt man in den hellen Kristallen kleine dicktafelige, nach einer Achse wenig gestreckte Formen, die dem Typ des „Warringtonits“ (Maskelyne 1865) ähnlich sind, für dessen Auftreten auch die relativ helle Farbe des Minerals spricht.

Dem Brochantit nahe zu stehen scheinen zwei weitere Verbindungen, die von ihm lediglich in ihrer Lichtbrechung, hierin aber z. T. beträchtlich, abweichen. Ihre Identität mit einem anderen bekannten Mineral kann erst nach Durchführung einer chemischen Untersuchung, für die z. Z. noch nicht genug Material vorliegt, festgestellt werden.

Antlerit (Stelznerit) $Cu_3(OH)_4SO_4$ ist dem Brochantit äußerlich sehr ähnlich, ebenfalls rhombisch und lichtgrün bis schön smaragdgrün gefärbt. Er ist jedoch deutlich, aber schwach pleochroitisch zwischen bläulich- und gelblichgrün und vor allem opt. positiv. 2V ist relativ klein (35°). $n_\alpha = 1.730$, $n_\beta = 1.737$ $n_\gamma = 1.785$. Die zu beobachtende Lichtbrechung weicht gelegentlich von den von Larsen bestimmten Werten ab. So ließen sich in mehreren Fällen $n_\alpha = 1.743$, $n_\gamma = 1.775$ ermitteln. Die Werte entsprechen sehr angenähert einer von Buttgenbach (1926) beschriebenen Varietät des Stelznerit „Heterobrochantit“, für die er $n_\alpha = 1.743$, $n_\gamma = 1.776$ angibt. Die Kristalle treten gern zu Gruppen zusammen und sind gelegentlich komplex verzwillingt. Stelznerit tritt neben Brochantit auf und entspricht ihm auch in seiner räumlichen Verbreitung.

Goslarit $ZnSO_4 \cdot 7H_2O$ ist auf Stein V relativ häufig zu finden. Zinkblenden, die von jungem Markasit bewachsen sind, zeigen an der Berührungsstelle beider Minerale weiße Säume, die überwiegend aus Gips, untergeordnet aus Melanterit und Goslarit bestehen. Die farblosen rhombischen nadlig entwickelten Kristalle des Zinksalzes zeigen negative Doppelbrechung. $n_\alpha = 1.457$, $n_\beta = 1.480$, $n_\gamma = 1.484$. Natürlich sind in diesem Falle jüngste Verwitterungsvorgänge Ursache der Goslaritbildung. Die Entstehung des Minerals und ähnlicher leicht wasserlöslicher Zinksalze ist aber auch im Einfluß des Tiefengrundwassers anzunehmen, weil

1. viele Blenden oberflächlich kräftig geätzt sind,
2. rezente Ausfällung von ZnS aus der Sole eine allgemein verbreitete Erscheinung im Vorkommen Auguste Viktoria ist und
3. weil nicht anzunehmen ist, daß das ZnS sich Einflüssen der Sole gegenüber wesentlich anders verhalten kann als PbS, $CuFeS_2$ und FeS_2.

Anglesit $PbSO_4$. Als die am weitesten verbreitete Neubildung auf den Bleiglanzen des Ruhrgebietes ist Anglesit auch auf Handstücken von den Vorkommen im Oberbergischen Land nicht selten. Mengenmäßig bevorzugt kommt er in der von Christian Levin bekannt gewordenen Paragenese der Sekundärbildungen vor. Auf fast jedem Bleiglanzkristall sitzt das Mineral, in einer Dimension nadlig entwickelt, mit der Nadelachse // [100] oder [110] des PbS orientiert, in filzigen Krusten den Kristallflächen und natürlichen Spaltflächen auf. Ramdohr hat das Vorkommen hier zuerst beobachtet und auf die Ähnlichkeit der Orientierungen mit denen des Cotunnits hingewiesen. Er stellte an // [100] des PbS orientierten Kristallen fest, daß die kristallographischen Hauptachsen der Anglesite mit den Dimensionen des Bleiglanzes zusammenfallen und konnte beobachten, daß die Kristalle zwar immer nach *b* nadlig gestreckt, aber manchmal nach (001), manchmal nach (100) taflig gestaltet sind und dann mit der Tafelfläche dem Bleiglanz aufsitzen. In der zweiten Art der Orientierung // [110] des PbS zeigten sich nach der *a*-Achse stark gestreckte Kriställchen. Hier steht *b* des Anglesits senkrecht auf der Würfelfläche des Bleiglanzes, *a* und *c* fallen mit der Flächendiagonale zusammen.

Durch Häufung orientierter Anglesitaufwachsungen entstehen zunächst zusammenhängende Kristallfilze. Beim Fortwachsen derselben bleiben die ursprünglichen Merkmale der Orientierung erhalten, es verlängern sich lediglich die Dimensionen des Anglesits, die jeweils senkrecht auf der Würfelfläche des Bleiglanzes stehen. Diese Dimension wird im Fortwachsen der Kristalle bis zur maximal beobachteten Dicke der Krusten (2 mm) verlängert und wird dabei zur neuen Nadelachse der Kristalle. Daß das so ist, zeigt u. a. auch der feinfaserige Bruch der Anglesitkrusten, der einfach dadurch hervorgerufen wird, daß der Zerbruch bei zufällig günstiger Lage der Anglesite in den Ebenen der Spaltbarkeit (110) und (100) eintritt. „Faseranglesite“ sind vor allem da zu beobachten, wo in unmittelbarer Nähe des Bleiglanzes größere Mengen von Markasit oxydieren. Gewöhnlich schwer voneinander zu unterscheiden sind Cotunnit und Anglesit, weil beide im Habitus nadlig gestaltet und annähernd gleichartig auf Bleiglanz orientiert sind. Seltener sind Anglesite zu beobachten, die in ihrer Gestalt den Phosgeniten ähnlich sind. Kristalle dieses Typs bilden große flache Tafeln. Sie treten, wie das auch beim Phosgenit zu finden ist, manchmal so gehäuft auf, daß zusammenhängende klar durchsichtige Überzüge auf den Bleiglanzkristallen entstehen. Eine eindeutige Unterscheidung zwischen Phosgenit und Anglesit ist dann erst nach Einbettung des Minerals unter dem Mikroskop möglich.

Aus abweichenden Verhältnissen der Lichtbrechung zwischen Leviner Anglesit und reinem $PbSO_4$ schloß Ramdohr (1947) auf das Vorkommen von Mischkristallen zwischen $PbSO_4$ und $BaSO_4$. Neben den von ihm beobachteten Barytoanglesiten $(Pb, Ba)SO_4$ scheinen auch „Anglesobaryte“ $(Ba,Pb)SO_4$ vorzukommen. Kristalle davon sind zwar auch nur klein, aber doch meist etwas größer als die Anglesite und sitzen nicht orientiert in dichten Krusten den

Bleiglanzkristallen auf. Es waren z. B. Abweichungen im n_γ (n_γ = 1.648 für $BaSO_4$) auf n_γ = 1.656, n_γ = 1.659, n_γ = 1.663 zu beobachten.

Anglesite mit normalen Indizes n_α = 1.877, n_β = 1.882 und n_γ = 1.894 sind zwar selten, aber doch sicher festgestellt; z. B. entsprechen die von Stein V gesammelten Anglesite dem Brechungsvermögen nach nicht dem Typ des Leviner Barytoanglesits. Vermutlich wird auf Levin durch freie Schwefelsäure oder gelöste Sulfate aus dem in Lösung gegangenen $PbCl_2$ bei gleichzeitiger Anwesenheit von $BaCl_2$ im Tiefengrundwasser das relativ schwer lösliche Sulfat als Barytoanglesit gefällt, während sich auf Stein V infolge des starken Zurücktretens, bzw. des Fehlens von $BaCl_2$, reiner Anglesit bildet.

Lanarkit Pb_2SO_5. Auf Bleiglanz von Christian Levin ist neben Anglesit mehrfach ein Mineral zu beobachten gewesen, das in seinen optischen Eigenschaften dem Lanarkit entspricht. Es ist farblos, in dicken Spaltstücken grünlich bis gelblich, opt. zweiachsig, mit negativer Doppelbrechung. Das Mineral spaltet sehr vollkommen nach (001), und auf den Spaltflächen ist stets der Austritt einer optischen Achse zu beobachten. Leider gelang es nicht, die Neubildung gesondert zu untersuchen, sie trat nicht einmal in jedem hergestellten Präparat auf. Es konnte nur festgestellt werden, daß die Werte der Lichtbrechung sich sehr eng um 2.0 bewegen. Da unter den Bildungsverhältnissen auf Levin neben Anglesit auch Lanarkit zu erwarten ist, ist es sehr wahrscheinlich, daß in dem beobachteten Mineral tatsächlich die Verbindung Pb_2SO_5 vorliegt.

β) Neubildung von Sulfaten aus Gangarten. Die Vorgänge betreffen zunächst den Schwerspat, außerdem reagiert freie Schwefelsäure mit den Gangarten $CaCO_3$, $CaMg(CO_3)_2$, $CaFe(CO_3)_2$, $FeCO_3$ und dem Al_2O_3 der Ton- und Alaunschiefer und bildet dabei weitere Sulfate.

Schwerspat $BaSO_4$. Rezent setzt die Ausfällung von Schwerspat in den Grubenbauen des Ruhrgebietes da ein, wo der Zusammentritt SO_4-Ionen-reicher Wässer mit solchen erfolgt, die $BaCl_2$-Gehalte aufweisen. Die Fällung tritt plötzlich ein und führt in den Sümpfen (Sumpf VII. Sohle Levin) zur Entstehung eines feinen Schwerspatschlammes. Verbreitet sind Versinterungen der Pumpen- und Steigleitungen.

Im Einfluß des Tiefengrundwassers sind Lösungserscheinungen am Baryt zu beobachten. Das Mineral scheint, vielleicht unter Komplexbildung mit NaCl, aus der schwer löslichen Form des $BaSO_4$ in die relativ leicht löslichen Verbindungen $BaCl_2$ und $BaCO_3$ übergeführt und dann im Rahmen der Solenzirkulation transportiert werden zu können. Jedenfalls ist der Baryt auf Auguste Viktoria in den oberen Gangaufschlüssen jung abgetragen und durch andere Gangarten (Quarz, Calcit) ersetzt worden. Zu beobachten sind hier Negativabdrücke von Baryt in Umhüllungspseudomorphosen von FeS_2 und PbS nach faustgroßen keilförmigen $BaSO_4$-Kristallen.

Erst in Teufen von rund 700 m steigt auf Auguste Viktoria die Bedeutung des Minerals als Gangart allmählich an. Anders auf Christian Levin, wo der Erzkörper kappenförmig von jungem Schwerspat umgeben wird. 5—6 m mächtige derbe Schwerspatabscheidungen sind im Leviner Hauptgang auf der IV. und V. Sohle aufgeschlossen und erst in größeren Teufen tritt das Mineral mengenmäßig hinter die Sulfide zurück.

Die gegenwärtig zu beobachtenden $BaCl_2$-Gehalte der Solwässer sind z. T. sicher eine Folge der von der Sole selbst angeregten Umgestaltung des $BaSO_4$ der Gangspalten, wahrscheinlich aber wird das Bariumchlorid zum größeren Teil auch heute noch vom Deckgebirge aus ins Tiefengrundwasser gelangen. Vor rund 50 Jahren stellten Krusch (1904) und andere namhafte Geologen die Verbreitung des Bariums in den dyadischen und triadischen Decksedimenten des Ruhrgebietes fest und bewiesen, daß schon bei der allgemeinen Abtragung jener Schichten in vorcenomaner Zeit deszendent die Einwanderung des $BaSO_4$ in die Gangspalten eintrat, daß also durch Abtragungsvorgänge aus flächenhaften $BaSO_4$-Lagerstätten gangförmige Vorkommen entstanden.

Wenn man auch in der heutigen Verbreitung der Schwerspatgänge in den südlich an das Ruhrgebiet angrenzenden Gebieten kein sicheres Mittel in den Händen hat, die ehemalige Ausdehnung von Zechstein und Buntsandstein räumlich fest zu umgrenzen, so sind die $BaSO_4$-Vorkommen doch immerhin ein Hinweis darauf, daß den Abtragungsvorgängen im Vorcenoman weiträumig auch permische und triadische Sedimente zum Opfer gefallen sind.

Das relative Altersverhältnis zu den sulfidischen Erzen ist insofern von Interesse, als zwar der größte Teil der Bleiglanze und Zinkblenden älter ist als der Schwerspat, daneben aber auch erstaunlich große Mengen von Blei- und Zinksulfid als altersgleiche Bildungen vorliegen und auch jüngere Sulfide auf Klüften im Schwerspat nicht fehlen. Baryt läßt sich in Einschlüssen in den Außenzonen großer Bleiglanzkristalle nachweisen, Bleiglanz ist in feiner Durchstäubung im Schwerspat als altersgleiche Bildung und auf Klüften in ihm auch jünger sehr oft zu beobachten. Sehr ähnlich ist das Altersverhältnis zwischen Blende und Schwerspat auf Auguste Viktoria.

Eine Beschreibung der kristallographischen Eigentümlichkeiten der Schwerspäte ist infolge der erstaunlichen Formenfülle, in der das Mineral besonders im Leviner Erzgang auftritt, im Rahmen dieser Arbeit kaum ausreichend möglich. Weil aber offenbar sehr enge Beziehungen der Formentypen zu zonar eingeschlossenen Mineralsulfiden bestehen, muß angestrebt werden, wenigstens in ganz groben Zügen Kenntnis von den vorkommenden Formen zu geben. Die vorliegenden vorläufigen Resultate zeigen, daß zunächst rein kristallographisch alle Kristalltypen (ca. 20—30) auf 3 Grundformen zurückzuführen sind, von denen jede gleichzeitig durch das Auftreten eines der drei vorkommenden Sulfide PbS, $CuFeS_2$, und FeS_2 in Form von zonaren Einschlüssen ausgezeichnet ist. Die drei Grundformen sind:

1. ± dünntaflige Kristalle der Kombination (001) und (110).
2. Nach *c* dünntaflige, nach *b* oder seltener nach *a* gestreckte Kristalle der Kombination (001), (102) und (011).
3. Kurzsäulige prismatische Kristalle der Kombination (102) und (011).

Typ 1 zeichnet sich nur gelegentlich durch zonare Einschlüsse von PbS aus, ist aber in seinem Vorkommen streng an die bleireichen, eisenarmen Partien des Erzkörpers gebunden.

Typ 2 ist gleichzeitig fast immer durch zonare Einschlüsse von $CuFeS_2$ gekennzeichnet und

Typ 3 enthält stets FeS_2.

Die Einschlüsse beweisen, daß bei der Bildung der Schwerspäte Schwermetallionen als Fremdionen in den Lösungen gleichzeitig anwesend waren, doch findet sich natürlich innerhalb des Erzganges selbst nur relativ selten einmal der Fall realisiert, in dem eines der drei Sulfide bzw. eines der vorkommenden Schwermetalle allein eine Rolle bei der Gestaltung von Tracht und Habitus gespielt hat. Im häufigsten Normalfall überwiegt eines der Sulfide sehr stark die beiden anderen. Es resultieren daraus Normalformen, die den drei Extremen zwar ähnlich sind, aber doch schon gewisse Übergangserscheinungen zweier Typen zueinander erkennen lassen.

Typ 1a. Auf der IV. Sohle Levin erscheint der Eisenkies, der in den tiefer gelegenen Aufschlüssen (VI. Sohle und Teilsohlen) im unmittelbaren Liegenden oder im Hauptgang selbst als junge, an die erste Posthumbewegung geknüpfte Abscheidung auftritt, durch Auftrümerung der Gangspalten nach oben hin auf Spezialgängen und erst sehr weit im Liegenden des Hauptganges. Da auch der Kupferkies sehr stark zurücktritt, tritt im Aufschluß auf der IV. Sohle neben Schwerspat fast ausschließlich Bleiglanz auf. Gelegentliche Einschlüsse im Zonenbau beschränken sich deshalb hier fast ausschließlich auf PbS. Der Kristalltyp entspricht dem Typ „Felsöbanya" (KALB 1928) und weitgehend dem oben beschriebenen Typ 1. Er ist in den bleireichen Partien des Erzganges sehr häufig und z. B. auf der VI. Sohle und den Teilsohlen wiederzufinden. Die relativ flächenarmen Kristalle zeigen (001), (110), (102), (104), (011).

Typ 2a. entspricht hinsichtlich der Form und eingeschlossener Sulfide dem Typ 2. Häufig ist der Kristalltyp auf der V. Sohle und am Nordende der Gangstrecke VI. Sohle. Am Südende des gleichen Aufschlusses, wo jung durch Abtragung von Bleiglanzen in diesen ursprünglich eingeschlossene Kupferkiese freigelegt sind, sind Umbildungen vom Typ 1a in den Typ 2a häufig und in allen Stadien zu beobachten. Die Kristalle von der V. Sohle zeigen (001), (101), (102), (103), (104), (106), (108), selten (308), (5.0.13) und (011).

Typ 3a. Die als Typ „Herkules" bekannte Kristallart ist häufiger als 1a und 2a und weicht vom Extremtyp 3 durch das Erscheinen der Basis (klein) und durch das Vorkommen zahlreicher schwer indizierbarer Flächen in der Zone [010] ab, die eine starke Kantenrundung gegen (001) herbeiführen. Einschlüsse von Sulfiden beschränken sich fast ausschließlich auf FeS_2. Beobachtete Formen: (001), (011), (102), (104).

Eigentümliche Wachstumserscheinungen zeigen Kristalle mit zonar gebautem Kern vom Südende der VI. Sohle. Auf eine taflige Form des Typs 1a mit den Flächen (001), (102), (011) und (110) tritt zunächst Aufwachsung von Kupferkies und Markasit auf den Flächen (001), (102) und (011) ein. Der Kristall scheint durch die Aufwachsung die Fähigkeit zu verlieren, in Richtung senkrecht auf die betroffenen Flächen fortzuwachsen. Lediglich in der Zone [001], die von den Sulfiden gemieden wird, setzt das Weiterwachsen ein und führt zur Entstehung dünntafliger Formen. Die Wachstumsgeschwindigkeit gegen die Flächen der Zone [001] nimmt zu den Austrittspunkten der kristallographischen Achsen ab. $(0\bar{1}1)$, mit Kupferkies und Markasit bekrustet, bleibt äußere Begrenzung eines Kristalls, der sich im allmählichen Fortwachsen rundet und dabei in den Typ 2a übergeht.

Der Übergang einer flächenarmen Normalform in eine zweite geschieht über kurzlebige extrem flächenreiche Zwischenstadien. An solchen Kristallen bisher bestimmte Flächen sind z. B. (120), (122), (124), (530), (010) und (100).

Ursache der Erscheinung kann nur ein Wechsel im Ionenbestand der Minerallösungen sein. Ein unter bestimmten Verhältnissen (z. B. bei Anwesenheit von Pb-Ionen in der Lösung) gebildeter Kristall wächst unter veränderten Bedingungen (z. B. bei Anwesenheit von Cu- oder Fe-Ionen) fort und ändert dabei Tracht und Habitus. Dabei bleiben für beide Kristalltypen gemeinsam charakteristische Flächen des ursprünglichen Kristalls erhalten, während die für den unter den neuen Bedingungen entstehenden Kristall uncharakteristischen Flächen des alten so lange bevorzugt fortwachsen, bis eine den veränderten Bedingungen entsprechende Umgestaltung erreicht ist.

Es ist klar, daß die Untersuchung einzelner Umbildungen oft kompliziert ist; denn es liegen sehr häufig Kristalle vor, die schon primär bei Anwesenheit aller drei Schwermetalle gebildet sind. Umbildungen liegen hier innerhalb des Rahmens einer ein- oder mehrfachen Änderung des Mengenverhältnisses von Pb, Cu und Fe zueinander. Eine spezielle Beschreibung der eigentümlichen Wachstumserscheinungen der Schwerspäte wird das Ziel weiterer Arbeit sein.

Abweichend von seiner üblichen Form tritt der Schwerspat in einem Aufschluß des Leviner Erzganges im Felde Neuköln neben derbem Eisenkies als feinkörnige an Marmor erinnernde Masse auf. Entstehungsursache kann entweder plötzliche Fällung oder Rekristallisation infolge eines jungen Bewegungsvorganges an der Störung sein.

Gips $CaSO_4 \cdot 2H_2O$. Neubildung von Gips wäre auf den Erzgängen des Ruhrgebietes an sich häufig bei direkter Einwirkung mineralischer H_2SO_4 auf $CaCO_3$-Gehalte der Gangarten zu erwarten. In der Natur zeigt sich jedoch, daß die von den Umbildungsvorgängen betroffenen Ca-Ionen fast immer im Tiefengrundwasser gelöst als „Bicarbonat" auftreten. Gips ist in beiden Erzgängen nicht häufig. Auf Christian Levin ist er nur einmal in mikroskopisch kleinen Kristallbüscheln auf Markasit zu beobachten gewesen. Auf SteinV kann man ihn auf der IIIa-Sohle in Krusten auf Kalkspat sammeln. In Drusenräumen im Eisenkies von der IIIb-Sohle tritt er in nach *a* gestreckten nadligen und nach *b* tafligen Kriställchen mit den Flächen (110), (111) und (010) auf.

Alunogen $Al_2(SO_4)_3 \cdot 16H_2O$ ist eine weitere Neubildung in den Vorkommen des Ruhrgebietes und gewöhnlich Produkt der Zersetzung von Alaunschiefern oder der Beeinflussung von Tonschiefer durch H_2SO_4.

Das Mineral ist rein weiß und kommt gewöhnlich in nach *c* gestreckten haarförmigen Kristallen vor, die, in der Nadelachse parallel orientiert, Aggregate mit seidigem Glanz und guter Biegsamkeit bilden. Die monoklinen Nadeln zeigen schwache positive Doppelbrechung. $n_\alpha = 1.473$, $n_\beta = 1.474$, $n_\gamma = 1.480$. Bis zu 10 cm lange Haarsalzkristalle sind auf der V. Leviner Sohle in einem Aufschluß des Vondernsprunges zu beobachten. Auf der 214m-Sohle (Levin) erscheint das gleiche Mineral in Form weißer Kluftbestege auf den schieferigen Gesteinen um Flöz Ernestine neben Dickit. Es tritt hier in sechsseitig begrenzten dünnen Täfelchen auf und ist vom Dickit durch geringere Lichtbrechung leicht zu unterscheiden. Die häufige Vergesellschaftung mit Natrojarosit weist darauf hin, daß auch der Alunogen nicht immer jüngstes Verwitterungsprodukt ist, sondern auch bereits im Einfluß der Solwässer entstanden sein kann.

Halotrichit $Fe^{II}\,Al_2(SO_4)_4 \cdot 22H_2O$. Die Verbindung ist dem Alunogen sehr ähnlich und erst mikroskopisch eindeutig von ihm zu unterscheiden. Die Lichtbrechung ist etwas höher: $n_\alpha = 1.480$, $n_\beta = 1.488$, $n_\gamma = 1.490$. Der Charakter der Doppelbrechung ist negativ, und 2 V ist gewöhnlich klein. Halotrichit ist sehr häufig unmittelbar neben Alunogen zu finden.

b. Einfache und basische Carbonate, ihre Bildung und Umbildung

Durch Reaktion freier H_2SO_4 auf die Gangartkarbonate kann sich das Tiefengrundwasser mit freiwerdender Kohlensäure anreichern. Der Partialdruck der Säure reicht aus, um größere Mengen von $CaCO_3$ als $Ca(HCO_3)_2$ zu lösen. Erniedrigungen des Partialdruckes an Ausflußstellen der Solen in den Grubenbauen führen zur Bildung von Aragonit- und Eisensintern. Unter geeigneten Voraussetzungen kommt es rezent zur Entstehung von Calcit, und auch Siderit ist als Neubildung zu beobachten. Es ist gut denkbar, daß auch die geologisch alten Siderite und Ankerite aus Lösungen von $Ca(HCO_3)_2$ bei Anwesenheit von Ferrosalzen als relativ schwer lösliche CO_3-Verbindungen ausgefällt sind. Freie Kohlensäure vermag jedenfalls aus relativ leicht löslichen Sulfaten des Bleis, Zinks und Kupfers relativ schwer lösliche Karbonate und basische Karbonate zu bilden.

Aragonit $CaCO_3$. Sinteraragonit ist als subrezente Bildung an Durchörterungsstellen der Störungen beheimatet, an denen längere Zeit ein Ausfluß zusitzender Solwässer stattgefunden hat und an denen gleichzeitig größere Mengen von Calcit, Ankerit und Siderit als Gangarten auftreten. In den vererzten Teilen des Leviner Ganges, in welchen es noch vor der Abscheidung des Bleiglanzes zur Auflösung der älteren Gangarten gekommen ist und in denen heute die Hauptmenge der in den Lösungen vorhandenen CO_3-Ionen mit gelösten Bleisalzen reagieren kann, sind Kalksinterbildungen nicht zu beobachten. Lediglich im z. Z. tiefsten Aufschluß des Leviner Vorkommens in Girondelle $1^1/_2$, in dem allgemein der Mengenanteil der älteren Gangartkarbonate die Sulfide an Menge überwiegt — das Vorkommen scheint hier fast ganz zu vertauben — bilden sich an den gegenwärtigen Austrittsstellen der Kluftwässer rotbraun gefärbte Sinterkrusten, die z. T. aus Aragonit bestehen. Sie sind in gleicher Art am Vondernsprung in allen Teufenlagen auffallend häufig und treten hier auch ungefärbt rein weiß auf.

Kalkspat $CaCO_3$. Wo Kalkspat auf den Erzgängen des Ruhrgebietes zu finden ist, ist er meist jung gebildet. Geologisch ältere Calcite sind nur in Relikten zu beobachten und kommen abgepreßt in Tonschiefern und Kohlen oder eingeschlossen in tonigen Kluftletten vor. Auffällig ist, daß das Mineral in den Erzlagerstätten von Christian Levin und Auguste Viktoria unabhängig von seinem Bildungsalter nur in einer immer wiederkehrenden Form, nämlich im Typ „Freib˜rg" KALBs (1928) auftritt. Man findet Kristalle _it dem charakteristischen flachen Rhomboeder (01$\bar{1}$2) als rezente Neubildungen und erkennt ganz gleichartige, relativ alte Bildungen abgepreßt auf geologisch alten Klüften in Tonschiefern im Felde Levin wieder. Gegensätzlich sind von den Gängen der Velbert-Wülfrather Gegend Calcite mit wechselnder Tracht bekannt. WITTEBORG (1932) beschreibt aus dem Elberfelder Kalkstein eine stattliche Anzahl von Formen und erkennt in ihnen und ihrem Bildungsablauf die Regelmäßigkeiten wieder, auf die KALB seine minerogenetische Calcitreihe aufgebaut hatte. KALB meint, daß der Wechsel der Tracht seiner Haupttypen allein abhängig von wechselnden Bildungstemperaturen sei. Der Typ „Oberberge", trachtbestimmt durch (10$\bar{1}$1), wird als der älteste und am höchsten temperierte Kalkspattyp im Gebiet von WITTEBORG (1932) beschrieben. Ihm folgt der skalenoedrische Typ „Wülfrath", der selbst wieder vom Typ „Freiberg" abgelöst wird. In einer jüngsten Form kommen Kristalle des Typ „Rüdersdorf" vor.

M. E. kann eine solche Reihe nur dann Gültigkeit besitzen, wenn man als Voraussetzung sehr reine Wässer als Mutterlaugen annimmt. Da derartige Voraussetzungen hier nicht gegeben sind und da die Bedeutung von Fremdionen in Minerallösungen bekanntlich für die Gestaltung zahlreicher Mineralien erwiesen ist, kommt sehr wahrscheinlich auch der Lösungsgenossenschaft des NaCl als trachtgestaltendem Moment eine sehr viel größere Bedeutung zu als KALB annimmt. Hierzu möchte ich feststellen, daß im Ruhrgebiet und im Velbert-Wülfrather-Gebiet trotz der petrographischen Verschiedenheit der Sedimente — ich denke an das völlige Fehlen kalkiger Ablagerungen im Oberkarbon — alle vier Haupttypen KALBs, von „Oberberge" bis „Rüdersdorf", vorkommen, daß dagegen auf den Erzgängen des Ruhrgebietes ausschließlich der Typ „Freiberg" beheimatet ist und hier in subrezenten und relativ alten Bildungen auftritt. KALB führt die Seltenheit der beiden älteren $CaCO_3$-Typen auf hydrothermalen Gängen allgemein auf die leichte Angreifbarkeit der Verbindung zurück, ohne damit freilich die z. T. weite Verbreitung der Formen abseits der Erzgänge zu erklären. Hielte man hier die Annahme, daß die beiden älteren Formen Ausdruck einer höheren Bildungstemperatur seien, aufrecht, so würde man damit die Frage aufwerfen, warum die Hauptvererzung nicht schon bei den höheren Bildungstemperaturen einsetzte, sich vielmehr ausgerechnet an die tieferen Temperaturen in der Zeit zwischen dem Auftreten des „Wülfrather Typs" und der „Freiberger" Kristalle knüpft.

Nach der Ansicht des Verfassers ist das Temperaturproblem mit der Feststellung der Bildungstemperaturen der Blenden, die in den Vorkommen von Selbeck, Christian Levin und Stein V bei max.

115° C liegen, sicher erst z. T. gelöst. Es sind Anzeichen dafür vorhanden, daß innerhalb der reichen Erzmittel die Bildungstemperaturen höher liegen als auf schwach vererzten Störungen; das deutet sich z. B. in der Verbreitung von Kaolinit und Dickit (siehe dort) im Felde Levin an. Außerdem zeigte sich an den Blenden selbst (siehe dort), mit abnehmendem Alter keineswegs einheitlich, die Tendenz eines allmählichen Temperaturabfalls. Es sind vielmehr schon innerhalb eines Präparates Schwankungen zu beobachten, die, ganz grob geschätzt, bis zu 20° C betragen können.

Von allen diesen Erscheinungen wird die Trachtgestaltung des Kalkspates auf den Erzgängen anscheinend nicht berührt. Es tritt fast nur der „Freiberger" Typ auf, und weil selbst der jüngste „Typ Rüdersdorf", Kalbs hydrische Bildung, auf Auguste Viktoria und Christian Levin fehlt, vielmehr durch allerjüngste Bildungen ebenfalls in „Freiberger" Tracht ersetzt zu sein scheint, ist anzunehmen, daß der Chemismus der Mutterlaugen — hier ist es das NaCl des Tiefengrundwassers — an der Entstehung des Typs „Freiberg" maßgeblich beteiligt ist.

Räumliche und paragenetische Zusammengehörigkeit zwischen den Vorkommen im Oberbergischen Land und im Ruhrgebiet erlauben den Schluß, daß der Typ auch in den Velberter Gängen im Einfluß von NaCl-Lösungen entstanden ist. Es wird gezeigt werden, daß die Einwanderung der Zechsteinsalze ins Tiefengrundwasser und die Vererzung der Spaltenräume mit Bleiglanz und Blende gleichzeitig erfolgten und daß beide Vorgänge in engstem Zusammenhang miteinander stehen. Für den Trachtwechsel der Kalkspäte im Oberbergischen Land bedeutet das, daß aus einem älteren, aber sicher nicht höher temperierten „Typ Oberberge" mit der allmählichen Versalzung des Tiefengrundwassers die Entwicklung des Typs „Wülfrath" als Übergangstyp zum „Typ Freiberg" einsetzte. In der Velberter Gegend gerieten die Ausbisse der Erzgänge in junger Zeit nach der Abtragung der Decksedimente in den Einfluß des Oberflächengrundwassers. Es trat bei tiefen Temperaturen Aussüßung des Tiefengrundwassers ein und kam dabei zur Entwicklung der „Rüdersdorfer Formen", die auf Levin und Stein V nicht zu beobachten sind.

Dolomit $CaMg(CO_3)_2$. Durch das starke Zurücktreten von Mg-Ionen im Tiefengrundwasser sind Neubildungen von Dolomit auf den Erzgängen des Ruhrgebietes nicht zu beobachten. Die Literatur berichtet von Vorkommen des Minerals in zwei Generationen. Als ältere Formen werden geradflächige Kristalle angegeben, die nur das Grundrhomboeder gut entwickelt zeigen. Bildungen dieser Art sind in Umhüllungspseudomorphosen von Quarz auf Levin in solchen Störungsteilen zu finden, in denen das Nebengestein von Sandsteinen gebildet wird. Hier kommt es gelegentlich zur Bildung junger Quarze, die dann die älteren Gangarten umhüllen und heute, nach deren Auflösung, die alten Formen in schönen scharfen Negativen zeigen. Wachsabdrücke sind z. T. gut meßbar und zeigen ziemlich eindeutig, daß es sich bei dem gelösten Material um Dolomit gehandelt haben wird. Jüngere Dolomite sind auf Levin nicht festgestellt.

Ankerit $CaFe(CO_3)_2$. Im Felde Levin bildet der Ankerit den Hauptteil der an der Ausfüllung der Spaltenräume des Vondernsprunges und der tieferen Teile des Prospersprunges beteiligten Gangarten. Während von Witteborg (1932) aus dem Südgebiet Braunspäte allgemein als durch das Grundrhomboeder trachtbestimmt beschrieben werden, sind die Ankeritkristalle hier nur in der Form flacher Rhomboeder — vielleicht $(01\bar{1}2)$ — zu beobachten. Flächenkrümmungen durch subparallel gestellte Subindividuen sind die Regel. Der Hauptteil der Bildungen ist wie im Velberter Gebiet älter als die Erzmineralien, doch fällt schon in diese Bildungsepoche eine frühe Abscheidung geringer Mengen von Blende, Bleiglanz und Kupferkies. Interessant ist, daß in jüngeren und jüngsten Bildungen kein Trachtwechsel gegenüber dem älteren Ankerit festzustellen ist. Der Beginn der Umwandlung im Soleneinfluß führt zu Braun- und Schwarzfärbungen des ursprünglich schwach gelblichen Minerals. Mit der Oxydation des zweiwertigen in dreiwertiges Eisen geht der Transport der Ca-Gehalte parallel. Die Limonitisierung ist das erste Stadium der völligen Auflösung, die dann schnell eintritt, wenn es örtlich zu größeren Konzentrationen der Mineralsäuren kommt. Die Vorgänge haben für die Genese des Leviner Vorkommens darum Bedeutung, weil sich hier eindeutig zeigen läßt, daß der Einwanderung des Hauptteils der Bleiglanze die Lösung der älteren, einst in allen Spalten verbreiteten Gangarten, vorausging. Der Vorgang setzte sich von oben her allmählich in die Teufe fort, und dann erst erfolgte die Hauptvererzung direkt auf ältestem Quarz.

Siderit $FeCO_3$. Wie Ankerit und Dolomit ist Spateisen im allgemeinen vor der Haupterzabscheidung in die Spaltenräume eingewandert, doch finden sich auf Levin mehrere junge Generationen unsicherer Altersstellung, und auch subrezente Siderite sind im Rahmen von Umbildungen des Eisenkieses auf Auguste Viktoria zu beobachten. Das Brechungsvermögen $n_\varepsilon = 1{,}596$, $n_\omega = 1{,}830$ charakterisiert einen Teil der Abscheidungen als reines $FeCO_3$. Die in den anderen Fällen zu vermutenden nur geringen Ca-Gehalte des Minerals sind deshalb interessant, weil aus den Velberter Vorkommen reine Siderite in der Arbeit von Witteborg (1932) nicht erwähnt werden und jedenfalls so selten sind, daß sie übersehen werden können, während von Schroeder (1938) aus dem Ruhrgebiet von den Zechen Konstantin und Maria Anna und Steinbank Vorkommen von Siderit genannt sind. Auf Levin, wo sich in den geologisch alten Bildungen noch alle Übergänge von eisenreichen Ankeriten zu Sideriten finden, sind reine Eisenspäte schon recht häufig. Sie sind mit etwa gleichem Alter auch auf Auguste Viktoria, allerdings als Seltenheit, gefunden. Alte Dolomite und Ankerite waren dagegen dort nicht zu beobachten. Interesse verdienen die Leviner Kristalle, weil auch sie sich aus subparallel verwachsenen Individuen flacher Rhomboeder aufbauen. Von Auguste Viktoria liegen subrezente Neubildungen tafliger Kristalle vor. Groß ist an ihnen die Basis entwickelt. Parallel der c-Achse sind die Kristalle so stark gerundet, daß eine Indizierung einzelner Flächen nicht möglich ist.

Manganspat $MnCO_3$. Im Velberter Gebiet rufen geringe Mn-Gehalte rosa Färbungen der Ankerite hervor. Ähnlich ist es an Haldenmaterial des Selbecker Vorkommens zu beobachten. Manganspat in engerem Sinne soll nach SCHROEDER (1938) auf der Zeche Johannissegen gefunden worden sein.

Betrachtet man die Verbreitung von Calcit, Dolomit und Ankerit im Gesamtgebiet, so kann man leicht feststellen, daß die Bedeutung dieser Verbindungen als Gangarten in den Vorkommen der Velberter Gegend unverhältnismäßig viel höher liegt als in den Lagerstätten des Ruhrgebietes. In den kalkigen Serien des Oberdevon und Unterkarbon fanden die einwandernden Minerallösungen reaktionsfreudige Gesteine, hier kam es zu Verdrängungen der Kalke durch schwerer löslichen Dolomit und Ankerit. Außerdem wirkt seit langer Zeit nicht mehr ein saures NaCl-haltiges Tiefengrundwasser, sondern angenähert neutrales Tagewasser auf die kalkigen Nebengesteine der Spalten und die auf ihnen beheimateten älteren spätigen Gangarten ein und erlaubt die Entstehung junger Kalkspäte.

Unter Berücksichtigung der gegenwärtig zu beobachtenden Umbildungsvorgänge auf den Erzgängen des Ruhrgebietes passen Calcit, Dolomit und Ankerit so organisch in das durch das Auftreten kalkiger Gesteine ausgezeichnete Gebiet, daß man an lateralsekretionäre Entstehung der Verbindungen denken muß. Dafür spricht auch die Verbreitung der Mineralien im Ruhrgebiet. Hier treten spätige Gangarten gegenüber Quarz und Schwerspat weit zurück. Wo sie vorkommen, erscheinen sie wie Fremdkörper im Mineralbestand ihrer Umgebung, fehlen doch kalkige Serien in den Gesteinen des produktiven Karbon überhaupt. Dazu kommt, daß die Verbindungen im lokal recht sauren Tiefengrundwasser oft nicht mehr beständig sind und einer schnellen Umbildung unterliegen. Auffällig ist, daß die Bedeutung der geologisch alten Ankerite im Ruhrgebiet in nördlicher Richtung allmählich abnimmt. Während man auf Christian Levin in Relikten noch nennenswerte Mengen von ihnen antrifft, fehlen sie auf Auguste Viktoria fast ganz. Es treten dafür schon im südlichen Ruhrgebiet reine Eisen- und Manganspäte auf, doch verlieren auch sie nach Norden hin auffällig an Bedeutung. Interessant ist in dieser Hinsicht der allmähliche Trachtwechsel der Bildungen vom Grundrhomboeder im Süden zu flachen Formen im Norden. Er bildet meines Erachtens einen Hinweis dafür, daß mit der Versalzung der Spaltenwässer vom Süden her Grundwasserströmungen auf den Verwerfern einsetzten, die den Transport der Ca-Ionen vom kalkigen Südgebiet aus nach Norden bewirkten.

Azurit $Cu_3(OH/CO_3)_2$. Zu bemerken ist, daß das in der Nähe von Fahlerz- und Enargitvorkommen so häufige Mineral auf dem umfangreichen Handstückmaterial aus dem Ruhrkarbon nicht zu finden war. Angaben im Schrifttum beruhen sicher zum Teil auf Verwechslungen mit Linarit und Diaboleit. Sicher aber ist das Mineral in den Hüten der Erzgänge des Velbert-Wülfrather Gebietes in kleinen Mengen beobachtet.

Malachit $Cu_2[(OH)_2/CO_3]_2$. Seine Verbreitung ist naturgemäß ebenfalls besonders auf die Oxydationszonen der Velberter Gänge beschränkt. Auf Levin und Stein V ist die Verbindung außerordentlich selten, sicher noch weniger häufig als beispielsweise der nur auf Levin gefundene seltene Percylith; immerhin scheint das Mineral nicht ganz zu fehlen.

Aurichalcit $(Zn, Cu)_5[(OH)_3/CO_3]_2$ ließ sich mikroskopisch in Spuren neben Malachit an Handstücken nachweisen, die an der Südhalde der alten Bleizeche Ferdinande bei Velbert aufgesammelt sind, und ist schon 1932 von WITTEBORG im Wülfrather Gebiet entdeckt worden. Seine Identifizierung gelingt optisch einwandfrei. $n_\alpha = 1{,}655$, $n_\beta = 1{,}740$, $n_\gamma = 1{,}744$.

Zinkspat $ZnCO_3$. Auf zwei Handstücken vom Revier A, Auguste Viktoria, ist Galmei als seltene Neubildung auf Zinkblende gefunden. Die grauen, unscheinbaren Krusten, in denen das Mineral vorkommt, bestehen nur teilweise aus $ZnCO_3$. Sie werden in der Hauptsache von optisch z. Z. noch nicht bestimmbaren Verbindungen gebildet. Das Mineral zeigt hier $n_\varepsilon = 1{,}62$, $n_\omega \sim 1{,}85$.

Cerussit $PbCO_3$. So weit das Mineral in den Oxydationszonen der Velberter Gänge verbreitet ist, so selten war es bis vor kurzem auf den Erzkörpern von Christian Levin und Stein V beobachtet. RAMDOHR (1947) wies Cerussit zuerst auf den Leviner Bleiglanzen nach, doch zeigten erst Untersuchungen am neu aufgesammelten Material, in wie weiter Verbreitung die Verbindung besonders auf Christian Levin vorkommt. Unabhängig von der Teufenlage des Fundpunktes ist Cerussit hier auf fast allen Handstücken zu finden gewesen, wenn auch immer nur in sehr feiner Verteilung in Form winziger Schüppchen. Meist sind dieselben gelblich gefärbt, und häufig zeigen sie opake Einschlüsse wahrscheinlich von PbS. Wechselbeziehungen zwischen Phosgenit und Cerussit zeigen sich einmal darin, daß gelegentlich eine Umbildung des Phosgenits in Cerussit stattfindet, andererseits beweisen Verdrängungsreste von Cerussit in Phosgenit, daß der Vorgang auch in umgekehrter Richtung eintritt. Wo Bleiglanzkristalle von Kupferkies berührt werden, sind auf den Bleiglanzen breite graue Säume zu beobachten. Sie bestehen aus faserigem Cerussit und sind vermutlich tertiäre Umbildungen komplexer Pb-Cu-Verbindungen. Cerussit ist durch seine hohe negative Doppelbrechung und seine Lichtbrechung $n_\alpha = 1{,}804$, $n_\beta = 2{,}076$, $n_\gamma = 2{,}078$ gewöhnlich leicht von anderen Neubildungen zu unterscheiden. Lediglich zu Leadhillit und Hydrocerussit besteht große Ähnlichkeit.

Hydrocerussit $Pb_3[OH/CO_3]_2$. Die Neubildung ist auch auf Levin sehr selten, aber doch in Spuren auf Handstücken von der IV. und V. Sohle in weißen Anflügen auf Bleiglanz gefunden. Das hexagonale Mineral ist durch negative Doppelbrechung ausgezeichnet, $n_\varepsilon = 1{,}94$, n_ω wenig $> 2{,}0$ (nach LARSEN $n_\omega = 2{,}09$), und ist besonders im n_ω dem Cerussit ausgesprochen ähnlich. Das beobachtete Material erwies sich jedoch ganz einwandfrei als optisch einachsig.

c. Neubildungen bei gleichzeitiger Anwesenheit von SO_4- und CO_3-Ionen

Sind in den auf die Sulfide einwirkenden Lösungen SO_4- und CO_3-Ionen in größerer Konzentration gleichzeitig nebeneinander vorhanden, so kann es zur Bildung von

Leadhillit $Pb_4[(OH)_2/SO_4/(CO_3)_2]$ kommen. Das Mineral ist nur auf Levin und auch hier nur selten gefunden. In den Präparaten meist mit Phosgenit, Anglesit und Cerussit vergesellschaftet sind kleine, unregelmäßig begrenzte farblose Blättchen mit hoher Lichtbrechung und negativem optischen Charakter zu beobachten. Ausgezeichnete Spaltbarkeit tritt nur in der Tafelebene (001) auf. (001) ist immer Austrittsfläche der optischen Achsen. Ihr Winkel ist deutlich etwas größer als beim Cerussit. Sehr typisch, abweichend vom sonst ähnlichen Cerussit, ist deutliche horizontale Dispersion; $r < v$; $n_\alpha = 1{,}87$, $n_\beta = 2{,}0$, $n_\gamma = 2{,}01$.

d. Neubildungen als Folge der Cl-Ionenkonzentration der Solwässer

Im bisherigen Teil sind Verbindungen beschrieben worden, die in weltweiter Verbreitung entweder als reine Verwitterungsmineralien auf Erzgängen, besonders in ihren Hutzonen, vorkommen, oder solche, deren Bildung nicht unmittelbar mit den für das Arbeitsgebiet charakteristischen Zechsteinsalzgehalten des Tiefengrundwassers zusammenzuhängen braucht. Trotzdem deuten meines Erachtens manche Eigentümlichkeiten der beschriebenen Verbindungen (z. B. Trachttypen) auf die gestaltenden Einflüsse der Solwässer hin. Sehr viel auffälliger in ihrer Entstehung durch die hohen Cl-Ionenkonzentrationen der Lösungen bedingt ist die große Mehrzahl der im folgenden anzuführenden beobachteten Mineralbildungen. Sie sind größtenteils an die Erzgänge des Ruhrgebietes gebunden, doch weisen schon spärliche Vorkommen auch im Südgebiet darauf hin, daß noch in jüngster geologischer Vergangenheit hier ähnliche Tiefengrundwasserverhältnisse geherrscht haben wie im Norden. Neben

Steinsalz NaCl, das infolge schneller Verdunstung zutropfender Sole in Streckenteilen mit guter Wetterführung in stalaktitischen Formen entsteht und besonders auf den oberen Abbausohlen im William-Köhler-Gang (Stein V) in größerem Umfange zu beobachten ist, entstehen, bei gleichzeitiger Anwesenheit freier H_2SO_4 im Einfluß der NaCl-Gehalte der Spaltenwässer auf Erze und Gangarten, Chloride und Oxychloride der anwesenden Metall-Ionen.

Die extrem gute Wasserlöslichkeit der neugebildeten Verbindungen macht ihre Beobachtung in festem Zustand oft unmöglich. Das im Grubenwasser leicht nachweisbare $BaCl_2$ gehört zum Teil hierher, sicher auch $CaCl_2$ und $AlCl_3$. Auch Zink- und Eisenchloride sind nicht beobachtet, obwohl sie in Analogie zu gefundenen Bleichloriden zu erwarten gewesen wären. Reine Cu^{I} und Cu^{II}-Chloride fehlen bisher ebenfalls, lediglich

Atakamit oder Paratakamit $CuCl_2 3Cu(OH)_2$ scheint vorzukommen. Auf der V. Sohle des Leviner Vorkommens treten auf Schwerspat größere Mengen komplexer sekundärer Cu- und Cu-Pb-Verbindungen auf, von denen einige optisch nicht mit bekannten Mineralien vergleichbar sind. Unter jenen Bildungen ist gelegentlich ein äußerlich angenähert kubisch erscheinendes Mineral zu beobachten, das sich unter dem Mikroskop als zweiachsig und schwach negativ doppelbrechend erweist. Der Wert seiner Lichtbrechung liegt ungefähr bei 1,85. Die Kristalle sind immer sehr klein, bläulich- oder smaragdgrün und besitzen große Ähnlichkeit mit dem von Smith (1907) von der Sierra Gorda und von San Cristobal beschriebenen Paratakamit. Das Auftreten der Verbindung $CuCl_2 3Cu(OH)_2$ wäre in dieser Form darum besonders interessant, weil sie als Atakamit nicht gefunden worden ist. Leider reicht die Mineralmenge zur analytischen Bestimmung zur Zeit noch nicht aus.

Cotunnit $PbCl_2$ wurde in sekundärer Bildung auf Bleiglanz zuerst auf Christian Levin von Ramdohr (1947) beobachtet und beschrieben. Der Cotunnit ist jedoch im Vorkommen nicht nur auf Levin beschränkt, sondern auch im William-Köhler-Gang (Stein V) innerhalb der Zirkulationswege der Solwässer im Erzkörper nicht selten. Auch hier tritt er in den gleichen Orientierungen auf Bleiglanz auf, wie sie von Ramdohr auf Levin festgestellt sind, und ist auch in optischer und kristallographischer Hinsicht nicht vom Leviner Typ unterschieden. Es hat sich gezeigt, daß ein Teil des auf Levin gesammelten Materials nicht Cotunnit, sondern sicher

Laurionit PbOHCl ist. Bei der erneuten Untersuchung des Cotunnits fielen in den Präparaten neben wirklichen $PbCl_2$-Nädelchen nadlige Kristalle auf, die in ihrem n_α-Wert zwar auch größer als 2,0, aber doch deutlich unterhalb des für Cotunnit charakteristischen Wertes $n_\alpha = 2{,}200$ liegen und gerade auslöschen. Das Mineral ist optisch zweiachsig mit sehr großem 2V. Der negative Charakter der Doppelbrechung ist zwar schwierig, bei geeigneten Schnittlagen aber doch sicher zu erkennen. Die Kristalle scheinen dem Material von Laurion angenähert zu entsprechen, wenn das auch ihrer geringen Größe wegen nur andeutungsweise zu sagen ist. Sie scheinen nach der c-Achse nadlig gestreckt, taflig nach (010) entwickelt zu sein. Die beste Spaltbarkeit scheint // (110), eine weitere sehr gute // (010) zu verlaufen. Die Präparation hatte häufig Verbiegungen der Kristalle um ihre *a*-Achse in der Ebene (010) zur Folge.

Kristallographische Überlegungen boten hier keine Möglichkeit, zwischen Cotunnit und Laurionit zu unterscheiden; denn auch die Orientierungen erleiden keine merklichen Störungen in ihrer für Cotunnit typischen Regelmäßigkeit. Es ist darum anzunehmen, daß auch der Laurionit einem Gesetz der Orientierung seiner Nadelachse parallel [100] und [110] des Bleiglanzes folgt, oder aber, daß auch hier in Analogie zum Anglesit eine hereditäre Verwachsung vorliegt.

Matlockit PbFCl. Matlockit findet sich selten neben Cotunnit auf einigen Handstücken von Christian Levin. Er kristallisiert tetragonal, ist jedoch in den Präparaten immer nur in unscheinbaren unregelmäßigen Schüppchen zu beobachten. Sie sind optisch einachsig und zeigen starke negative Doppelbrechung. Das n_α liegt sehr nahe bei 2,0 (2,04 nach Larsen), der n_γ-Wert erheblich höher, nach Larsen bei 2,15. Auffällig ist ein deutlicher Pleochroismus zwischen schwach gelblich und unbestimmt graugelb, wie er ähnlich manchmal auch beim Cerussit von Levin auftritt. Matlockit ist auf dem Material von Auguste Viktoria nicht zu beobachten gewesen. Der durch die optischen Eigenschaften des Minerals begründeten Wahrscheinlichkeit des Vorkommens von PbFCl auf Levin steht im Erscheinen des Fluors eine gewisse Unwahrscheinlichkeit gegenüber. Immerhin ist bekanntlich auch ein Fluormineral, der Sellait MgF_2, aus deutschen Kalisalzlagern bekannt geworden.

e. Neubildungen bei gleichzeitiger Anwesenheit von Cl- und CO_3- oder PO_4-Ionen

Sind in den Lösungen gleichzeitig neben Cl-Ionen auch CO_3-Ionen zugegen, so kann man häufiger als Cotunnit und Cerussit

Phosgenit $Pb_2Cl_2CO_3$ als Neubildung auf Bleiglanz beobachten. Seine Verbreitung ist im Velberter Gebiet schon 1932 von WITTEBORG nachgewiesen und zeigte sich auch im Rahmen dieser Arbeit an Haldenmaterial von Selbeck, Ferdinande, Vereinigte Glückauf und einigen weiteren Vorkommen. Sehr häufig kommt die Verbindung auf Christian Levin da vor, wo in der Nähe von Bleiglanz Umbildungen von Ankerit und Siderit eintreten. Die Bleiglanze sind hier oft so dicht mit Phosgenit bewachsen, daß ein zusammenhängender lackartiger Überzug auf ihnen gebildet wird. Hohe CO_2-Gehalte der Wässer auf Christian Levin führen aber schon ganz allgemein zur Bildung winziger Phosgenitkriställchen. Die nach (001) tafligen tetragonalen Blättchen zeigen fast immer (110), seltener auch (100). RAMDOHR beobachtete oft Orientierungen von [110] des Phosgenit mit [100] des Bleiglanzes, doch sind nicht orientierte Kristalle sicher häufiger als orientierte. Bis 2 mm Kantenlänge zeigen die größten Einzelkristalle, die im Schwerspat auf der V. Sohle Levin gefunden sind. Sie sind trübgrau, sehr unscheinbar und äußerlich durch subparallelen Aufbau stark verzerrt. Auf Bleiglanzkristallen desselben Aufschlusses sind Pseudomorphosen von Phosgenit nach Cerussit gefunden. In den nadlig erscheinenden Kristallen sind meist noch Cerussitreste erhalten. Leicht erkennbar ist das Mineral an seinem hohen Brechungsvermögen $n_\varepsilon = 2{,}14$, $n_\omega = 2{,}114$ und seiner mäßig hohen positiven Doppelbrechung.

Pyromorphit $Pb_5[Cl/(PO_4)_3]$. In seinem Vorkommen auf die Ausbisse der Erzgänge im Südgebiet beschränkt, hängt die Bildung des Minerals mit den Phosphorsäuregehalten der Oberflächenwässer zusammen. Da das Mineral in den alten Bauen noch in sehr großen Teufen (max. 250 m) in großer Menge vorgekommen sein soll, kann man annehmen, daß doch besondere Bildungsumstände begünstigend für seine Entstehung gewesen sind. Es wird gezeigt werden, daß die Bildung der Erze wie im Ruhrgebiet bei Anwesenheit NaCl-haltigen Tiefengrundwassers einsetzte. Vermutlich werden bereits anwesende ältere sekundäre Cl-Verbindungen die zur Entstehung des Pyromorphits nötigen Cl-Ionen geliefert haben. Hübsche Stufen des Minerals lassen sich noch heute an den Halden der aufgelassenen Vorkommen, besonders an der Halde der ehemaligen Bleizeche Josephine bei Velbert, aufsammeln.

f. Na_2O-Gehalte des Tiefengrundwassers als Ursache zur Mineralneubildung

Außer diesen Verbindungen sind eine Anzahl von Sulfaten und Chloriden als Doppelsalze von Na und Fe, Na und Pb beobachtet, deren Entstehung durch die hohen Na_2O-Gehalte der Solwässer bedingt ist. Na-Cu- und Na-Zn-Verbindungen, die an sich auch zu erwarten waren, sind nicht gefunden, wahrscheinlich aber nur ihrer extremen Leichtlöslichkeit wegen.

Natrojarosit $NaFe_3^{III}[(OH)_6/(SO_4)_2]$ kommt in winzigen pseudokubischen rhomboedrischen Kristallen in Form gelber Anflüge auf Eisenkies auf beiden Erzgängen vor. $(10\bar{1}1)$ und Basis sind unter dem Mikroskop manchmal deutlich zu erkennen. Die Doppelbrechung ist kräftig negativ. $n_\varepsilon = 1{,}750$, $n_\omega = 1{,}832$. Meist sind die Kristalle stark zonar gebaut und zeigen dann in verschiedenen Zonen oft verschieden hohe Lichtbrechung, eine Erscheinung, die auf Mischkristallbildung mit dem isomorphen Plumbojarosit zurückzuführen ist.

Sideronatrit $Na_2Fe^{III}[OH/(SO_4)_2]\cdot 3H_2O$ ist auf Auguste Viktoria in Klüften in derbem Eisenkies auf der 3a-Sohle sehr reichlich beobachtet, aber im ganzen Vorkommen vereinzelt zu finden. Kleine nadlige Kristalle des Minerals von gelber Farbe treten gern zu pinselartigen Büscheln zusammen. Sie zeigen kaum Pleochroismus und löschen gerade aus. $n_\alpha = 1{,}508$, $n_\beta = 1{,}525$, $n_\gamma = 1{,}586$.

Metavoltin $K_5Fe_3^{III}[OH/(SO_4)_3]_2\cdot 8H_2O$. Kanariengelbe Massen der Verbindung sind auf zersetztem Eisenkies häufiger auf Auguste Viktoria als auf Christian Levin. Unter dem Mikroskop erkennt man winzige hexagonale Blättchen, die geldrollenartig übereinanderliegen. Der Charakter ihrer Doppelbrechung ist negativ. $n_\varepsilon = 1{,}573$, $n_\omega = 1{,}591$.

Caracolit $PbNa_2[OHCl/SO_4]$. Das bisher nur als Seltenheit von der Mine Beatrix, Sierra Gorda, Atakama bekanntgewordene Mineral ist auf umgebildetem Bleiglanz in Auslaugungshohlräumen ehemaliger Schwerspäte im Revier A, Auguste Viktoria, in größerer Menge, aber sehr kleinen Kristallen gefunden. Die Neubildungen haben eine schmutzig gelbgraue Farbe, erscheinen aber isoliert unter dem Mikroskop farblos. Gelegentlich sind winzige Einschlüsse opaker Verbindungen (wahrscheinlich PbS) beobachtet. Die Verbindung tritt habituell in zwei verschiedenen Formen auf.

1. Besonders auffällig sind relativ große, schon mit bloßem Auge erkennbare hexagonale Täfelchen. Bei + N erkennt man, daß ihre äußere hexagonale Gestalt Produkt komplexer Viellingsbildungen wahrscheinlich nach dem Aragonitgesetz ist.

2. Häufiger sind relativ lange Nädelchen, die sich ebenfalls als Viellingsbildungen erweisen. Sie sind meist regellos aufgewachsen, doch kann man an einigen Stücken deutlich eine Orientierung der Nadelachsen an [100] und [110] des Bleiglanzes beobachten.

Unverzwillingte Kristalle sind nicht gefunden worden. Das Mineral ist rhombisch mit negativem Charakter der Doppelbrechung und sehr großem 2V. Die gefundenen Werte der Lichtbrechung liegen innerhalb der Fehlergrenze $\pm$ 0,005 der bei LARSEN angegebenen an Material von der Sierra Gorda beobachteten Werte: $n_\alpha = 1{,}743$, $n_\beta = 1{,}754$, $n_\gamma = 1{,}764$. Während das gefundene n_α mit LARSENs Angaben übereinstimmt, weicht das ermittelte n_γ auf 1,758 ab.

g. Bildung komplexer Verbindungen mehrerer Schwermetalle

Einige recht komplizierte Doppelverbindungen mehrerer Schwermetalle mit SO_4- und Cl-Ionen, die zwar als seltene „Hutmineralien" bekannt, aber in den Oxydationszonen der Velberter Erzgänge nicht gefunden sind, auf den Lagerstätten des Ruhrgebietes dagegen ziemlich häufig vorkommen, werden in diesem Fall sicher den Neubildungen zuzuordnen sein, die unter Einfluß von Solwässern entstanden sind. Es sind dies vor allem Plumbojarosit,

Caledonit und Linarit und die sehr seltenen Mineralien Cumengeit, Percylith und Diaboleit.

Plumbojarosit $Pb^{II} Fe_6^{III} [(OH)_6/(SO_4)_2]_2$. Als eine Hauptkomponente schmutzig graubrauner Überzüge auf Erzen und Gangarten in Drusenräumen ist Plumbojarosit neben Natrojarosit, Sideronatrit und einigen nicht bestimmbaren Sekundärverbindungen auf beiden Erzgängen beheimatet. Durch sein unscheinbares pulveriges Aussehen kann das Mineral trotz seiner Häufigkeit leicht übersehen werden. Erst bei stärkster Vergrößerung erkennt man unter dem Mikroskop winzige bräunlichgrün gefärbte würfelähnliche Kriställchen, und nur in seltenen Ausnahmen gelingt es, an etwas größeren Individuen ein Achsenbild zu erhalten. Das einachsige, stark negativ doppelbrechende Mineral ist durch $n_\varepsilon = 1{,}784$ und $n_\omega = 1{,}875$ charakterisiert.

Caledonit $Pb_5Cu_2[(OH)_6/CO_3/(SO_4)_3]$. Die Verbreitung des Caledonit ist fast ganz auf den an sekundären Cu-Verbindungen reichen Aufschluß auf der V. Sohle Levin beschränkt. Hier tritt das Mineral allerdings in etwas größeren Mengen in kleinen blaugrünen rhombischen Kristallen auf, die, im Habitus kurzsäulig, häufig zu Gruppen vereinigt sind und sich durch hohe Lichtbrechung, $n_\alpha = 1{,}818$, $n_\beta = 1{,}866$, $n_\gamma = 1{,}909$, schwache negative Doppelbrechung und sehr großen Achsenwinkel auszeichnen. Außerdem ist, wenn auch undeutlich, ein Pleochroismus zwischen gelblich- und bläulichgrün zu beobachten, und auch das Fehlen einer Spaltbarkeit ist recht auffällig.

Linarit $PbCu(OH)_2SO_4$ scheint in der Paragenese der Neubildungen von der V. Sohle Levin vorzukommen, aber selten zu sein. In einigen Präparaten waren neben Diaboleit und Percylith Spaltstückchen eines zwar ebenfalls hellblauen, aber zweiachsig negativen Minerals mit großem Achsenwinkel zu beobachten, dessen n_α sehr nahe bei 1,805 lag. Es war nicht zu isolieren, doch ist anzunehmen, daß es sich dabei um Linarit gehandelt hat.

Besondere Schwierigkeit bereitete die Bestimmung mehrerer Mineralien, die einander sehr ähnlich sehen und über die in der Literatur ihrer großen Seltenheit wegen nicht einheitliche Ansichten bestehen. Hierher gehören Percylith, Cumengeit und Diaboleit, die von MALLARD (1893) und CUMENGE (1893) aus den Vorkommen von Boleo (Mexico) beschrieben sind. Leider machen geringe Größe und Seltenheit der Kristalle aus dem Leviner Vorkommen die Unterscheidung der Verbindungen oft schwierig.

Percylith $PbCl_2 \cdot Cu(OH)_2$ kommt als Seltenheit, an mehreren Handstücken aber gehäuft, ebenfalls auf der V. Sohle Levin vor und weicht in seiner hellindigoblauen Färbung nicht von Diaboleit, wenig von Cumengeit ab. Da das Mineral kubisch kristallisiert und optisch isotrop ist, ist es leicht von den anderen Verbindungen zu unterscheiden. Seine Lichtbrechung liegt mit 2,05 etwas über dem n_γ des Diaboleit und ist etwa gleich groß wie das n_γ des Cumengeit. Kristalle zeigen fast immer nur das Hexaeder, selten vielleicht (110). Spaltbarkeit nach (100) ist anscheinend vorhanden. Außerdem tritt der Percylith in relativ breiten Zonen, oft in mehrfacher Wiederholung, im Diaboleit auf.

Cumengeit $5PbCl_2 \cdot 5Cu(OH_2)$. Die hellblauen Kristalle zeigen einen feinen Stich ins grünliche. Sie erweisen sich als optisch einachsig und negativ doppelbrechend. Für n_ε konnte ich $\sim 1{,}93$, für $n_\omega \sim 2{,}0$ (etwa 2,03) ermitteln. Mit diesen Werten sind die für Cumengeit typischen angenähert erreicht. Sie sind: nach LARSEN $n_\varepsilon = 1{,}926$, $n_\omega = 2{,}041$, nach MALLARD $n_\varepsilon = 1{,}965$, $n_\omega = 2{,}026$. Ein Teil der Leviner Kristalle ist außerdem anscheinend pyramidal entwickelt und stimmt auch darin mit dem von MALLARD beobachteten Formentyp überein. Auf den vorhandenen Handstücken ist der Cumengeit weit seltener als der

Diaboleit $2PbClOH \cdot Cu(OH)_2$. Vorkommen: V. Sohle Levin. Hier fanden sich, an einigen Handstücken massenhaft, schön himmelblaue Kristalle eines stark reflektierenden Minerals. Unter dem Mikroskop erkennt man den Umrissen nach tetragonale, kurzsäulig gedrungene angenähert isometrische Formen. Die Kristalle sind gewöhnlich flächenarm, klar durchsichtig, aber gelegentlich durch Percylitheinlagerung zonar gebaut. Das n_γ des optisch einachsigen negativ doppelbrechenden Minerals liegt sehr wenig unter 2,0 (nach LARSEN bei 1,98), der n_α Wert ist wenig kleiner. Auffällig ist ein schwacher Pleochroismus zwischen ω tiefblau und ε blaßblau. Aus alledem geht hervor, daß die Neubildung mit dem 1925 von SPENCER aus den Mendip Hills (Somerset) beschriebenen sehr seltenen Diaboleit identisch ist. Eine genaue analytische Bestimmung erlauben die geringen Mengen und die enge Verwachsung mit Percylith nicht.

h. Neubildungen durch Oxydation von Na_2S, (NaH)S oder H_2S

Aus der Oxydation von Na_2S oder (NaH)S, das bei der Beeinflussung der Sulfide durch die NaCl-Lösungen frei wird, kann

Thenardit Na_2SO_4 entstehen. Über das Vorkommen der Verbindung auf den Erzgängen kann nichts ausgesagt werden, weil das Material beim Transport infolge ungeeigneter Verpackung zerstört ist. Thenardit ist aber schon lange aus dem Ruhrgebiet als Neubildung bekannt. SCHROEDER führt in KUKUKs Geologie (1938) ein Vorkommen auf der Zeche Friederika bei Bochum an.

Schwefel S. KUKUK erwähnt Schwefelstalaktiten aus den Grubenwässern der Zeche Waltrop. SCHROEDER spricht an anderer Stelle des gleichen Werkes von der Verbreitung sekundären Schwefels auf PbS-Stufen. RAMDOHR (1947) erwähnt die Bildung des Minerals im Zuge der Bildung des Cotunnits. Gediegener Schwefel ist hier stets Produkt der Teiloxydation von leicht wasserlöslichen Sulfiden (H_2S, (NaH)S oder Na_2S). Neben kurz prismatischen sind nach c gestreckte Formen häufig, seltener sind dicktaflige Kristalle nach (001). Deutlich und häufig entwickelt sind die Prismen (021) und (101); (100) und (010) sind neben (001) nur selten und noch seltener ist (111) zu beobachten. In den Zonen [010] und [100] kommen die Kristalle mitunter sehr flächenreich vor. Noch größerer Flächenreichtum als wirklich vorhanden wird durch das allgemein häufige subparallele Zusammentreten von Einzelkristallen zu Kristallgruppen vorgetäuscht.

i. Neubildung von Hydroxyden und Oxyden der Schwermetalle

Festgestellt werden konnten weiterhin Neubildungen einiger Oxyde und Hydroxyde des Bleies,

Kupfers und Eisens, die hier Produkte der regen Oxydationstätigkeit des Tiefengrundwassers auf Sulfide und Karbonate sind, und sogar sekundäre Oxyverbindungen, z. B. Oxychloride werden von dem Vorgang betroffen und in Oxyde übergeführt

Nadeleisenerz α-FeOOH. Die in den Oxydationszonen der Velberter Vorkommen so häufigen erdigen oder dichten Brauneisenmassen treten in den Erzgängen des Ruhrgebietes zwar weit in den Hintergrund, fehlen aber nicht. Sie kommen in Form hellziegelrot oder tiefrot gefärbter immer optisch isotroper Häutchen vor, und eben die Isotropie weist im Verein mit der Lichtbrechung, die stets $> 2{,}0$ ist, darauf hin, daß hier die gelförmige Komponente des Brauneisens, Siderogel, vorherrschend gebildet wird.

Beim Aufschließen des William-Köhler-Ganges im Niveau der 3b-Sohle ist derber Eisenkies angefahren worden. Hier fanden sich in Drusenräumen Markasite, die von einer schwarzroten Oxydationsschicht überzogen sind. Diese zeigt im Gegensatz zum Siderogel unter dem Mikroskop lebhafte einheitliche negative Doppelbrechung, hohe Lichtbrechung (n_α und $n_\gamma > 2{,}0$) und erwies sich als optisch zweiachsig mit kleinem 2V. Obgleich die äußere Form (dünne Häutchen) und die Farbe stark an Rubinglimmer (γ-FeOOH) erinnern, weist besonders der kleine Achsenwinkel darauf hin, daß α-FeOOH (Nadeleisenerz) vorliegt.

Innerhalb der Umbildungsvorgänge ist das FeOOH nicht stabil und geht leicht in die unter den gegebenen Verhältnissen stabileren Eisensulfate über.

Cuprit Cu_2O ist als Sekundärbildung in Überzügen auf Kupferkies des Leviner Vorkommens zu beobachten. Die Verbindung ist häufig jüngstes Oxydationsprodukt von gediegenem Kupfer, das seinerseits im Vorkommen an bestimmte Flächen des $CuFeS_2$ gebunden ist.

Melaconit CuO kommt im Covellin und im blauen Kupferglanz von der V. Leviner Sohle als schwarzes, leicht zerreibliches Pulver vor, tritt aber auch in der Nähe von Kupferkieskristallen in den südlichen Aufschlußteilen des Gangortes VI. Sohle auf. Hier ist er auf Schwerspat in stahlgrauen bis schwarzen Schüppchen gefunden und scheint Oxydationsprodukt basischer Cu-Sulfate oder komplexer Pb-Cu-Salze zu sein.

Mennige Pb_3O_4. Die Neubildung ist sehr selten und bisher nur auf zwei Schwerspatkristallen von der V. Sohle Levin gefunden. Das orangegelbe Mineral tritt als Kruste auf winzigen Baryten in Zwickeln und Hohlräumen größerer $BaSO_4$-Kristalle in der Nähe von sekundären Pb-Cu-Verbindungen auf und dürfte als Oxydationsprodukt des Diaboleit zu deuten sein. Das Mineral erscheint seiner Feinkörnigkeit und seiner hohen Lichtbrechung wegen unter dem Mikroskop fast undurchsichtig.

k. Die Umbildung der Kieselsäure im Einfluß des Tiefengrundwassers

Der Einfluß der Na_2O-Gehalte und gelegentlich anwesender freier Hydroxylgruppen im Tiefengrundwasser auf das SiO_2 und Al_2O_3 der Gangmasse zeigte sich zuerst in der rezenten Entstehung von Gelen, die auf den Strecken, örtlich häufig im Gangort 2 Levin, aus zutropfenden Wässern in stalaktitischen Formen abgeschieden werden. Sie lassen sich mit der Hand plastisch verformen und fühlen sich klebrig an. Das Vorkommen von Aluminiumhydroxygelen und Kieselgelen weist darauf hin, daß es in den Solwässern über wasserlösliche Na-Silikate ($Na_2H_2SiO_4$) mit einer Änderung der H-Ionenkonzentrationen der Lösungen zur Bildung von Quarz kommen kann. Außerdem werden einige Neubildungen wasserhaltiger Al-Silikate, NaAl-Silikate und ZnAlFeMg-Silikate auf Reaktionen zwischen Al- und Zn-Salzen mit gelösten Na-Silikaten zurückzuführen sein.

α. Neubildung von Quarz

Quarz SiO_2. In allen bekanntgewordenen Pb-Zn-Vorkommen bildet Quarz die Unterlage, auf der der jüngere Teil der Paragenese zur Abscheidung kommt. Unmittelbar nach der Anlage der Störungen beginnt die Verquarzung der Verwerfungsbrekzie. Eine lateralsekretionäre Entstehung des Minerals auf den Verwerferspalten des produktiven Karbons ist schon darum gut denkbar, weil mit dem petrographischen Charakter des Nebengesteins sich auch die Verquarzung der Gänge fast immer zu plötzlich und zu stark ändert, um allein durch bevorzugte Ausfällung an präexistierendem Quarz erklärt werden zu können. Auf Levin erhielten die Gesteine der Gangmasse, von Haarrissen und Klüften ausgehend, Kieselsäure zugeführt. Besonders in den Teilen der Gangbrekzie, in denen Sandsteine hohen Anteil an der Spaltenfüllung nehmen oder das Hangende oder Liegende der Störung bilden, wird Quarz durch Umlagerung der SiO_2-Gehalte jener Gesteine auf der Verwerfung angereichert. Gerade hier kommt es zur Ausbildung von sehr fest verkitteten fast porenfreien Gesteinen, an denen man, besonders wenn sie angewittert sind, kaum noch die Brekzienstruktur erkennt. Natürlich reichte die zugeführte Quarzmenge nicht in allen Teilen der Störung zur Schließung aller Hohlräume aus; vielmehr verblieben offene Spalten, in denen zunächst Siderit und Ankerit Platz fanden. Nachankeritische Quarze einer jüngeren zweiten Generation fehlen auf Levin, wenn man von seltenen ganz unbedeutenden Bildungen z. B. im Schwerspat der V. Sohle absieht. Nennenswert sind lediglich dickere Quarzkrusten in offenen Zerrspalten, die im westlichen Teil des Leviner Grabens jünger als der ältere Siderit in Form ausgedehnter Kluftbestege zu beobachten sind. Die Bildungen sind auch hier eng an Sandsteine und Grauwacken gebunden, außerdem sind die Mengen der älteren Mineralkarbonate an diesen Stellen nur klein.

Im Gegensatz hierzu stehen die Quarze von Auguste Viktoria, deren Hauptmenge hier nicht vor der Abscheidung der ältesten Erze, sondern mit der Lagerstättenbildung in vielen Generationen entstanden ist. Die Kieselsäure drang vom Hangenden oder Liegenden in den Erzkörper ein, und zwar von Klüften und jungen Störungen aus, die mit wechselnder örtlicher Lage vielfach auch sehr verschieden alt sein müssen, weil sie immer nur bestimmte Teile der Vererzung betreffen, nämlich die, die älter sind als sie selbst. Manchmal ging mit der Fällung des Quarzes in 20—50facher rhythmischer Wiederholung eine kokardenartige Verwachsung mit Bleiglanz und Zinkblende vor sich.

Mit jeder tektonischen Durchrüttung des Erzkörpers werden den ins Grundgebirge versickernden

Teilen des Grundwassers immer wieder neue Wege und neue Möglichkeiten zur Diffusion in die Wässer auf den Gangspalten gegeben. Es werden dabei in der Klüftung der unmittelbaren Umgebung der Gänge bei Anwesenheit neutraler oder schwach alkalischer NaCl-Lösungen und Temperaturen von $\pm 100°$ C aus Teilen der Kieselsäuregehalte der Sandsteine, Grauwacken und Sandschiefer wasserlösliche Na-Silikate gebildet. Schon eine geringe Erhöhung der H-Ionenkonzentrationen der Silikatlösungen beim Eintritt in das auf den Verwerfern lokal oft recht saure Tiefengrundwasser bewirkt die Neubildung von Quarz. Daß dabei aus lateralen Zuflüssen häufig gleichzeitig eine Fällung von Blei- und Zinksulfid zu beobachten ist, ist eine Folge von Vorgängen, auf die an anderer Stelle noch zurückgekommen werden muß.

Größere Quarzanreicherungen werden als Folge jener Vorgänge da zu erwarten sein, wo entweder in breiten Zerrüttungszonen über lange Zeiträume eine Zufuhr gelöster Na-Silikate erfolgte oder wo die Fällung des SiO_2 in der Nähe von Pyriteinschaltungen durch das Auftreten konzentrierter Mineralsäuren begünstigt wird. Die Verquarzung wird nach der Teufe hin zunehmen, weil mit steigenden Temperaturen und evtl. steigenden NaCl-Gehalten des Tiefengrundwassers auch größere Mengen von Na-Silikaten gebildet werden können.

Daß das Auftreten junger Quarze nach der Abscheidung der älteren Eisenspäte und Ankerite auf Levin nicht oder nur sehr untergeordnet zu beobachten ist, hat seinen Grund eben im Auftreten jener Verbindungen, die sich, geologisch gesehen, bereits sehr früh innerhalb und außerhalb des Leviner Grabens auf allen Störungselementen in allen Teufen angesiedelt hatten. Dadurch ist es auch früh zur Anreicherung freier Kohlensäure im Tiefengrundwasser gekommen, die von sich aus die Bildung von Na-Silikaten unmöglich machte. Das zu beobachtende Fehlen älterer Gangartkarbonate im William-Köhler-Gang scheint mir letzten Endes die Unterschiedlichkeit in der Verquarzung beider Vorkommen zu bewirken. Mineralogisch nennenswert sind die auf Auguste Viktoria häufigen zum Teil auch sehr schön großen Kappenquarze. Sternquarze treten als Radialumwachsungen kleiner Nebengesteinsbruchstücke am Nordende des Nordmittels (Revier E) in großer Mächtigkeit auf. Während in der Tracht der Kristalle kein Wandel innerhalb der verschiedenen Vorkommen wahrzunehmen ist, sind Unterschiede im Habitus die Regel. Sehr häufig sind halb entwickelte Kristalle als Krusten auf dem Nebengestein aufgewachsen, an denen die Rhomboeder sehr groß, die Prismen nur undeutlich ausgebildet sind. Häufig sind auch allseitig entwickelte Quarze, die dann nach c gestreckt sein können oder eine Verkürzung der Prismenflächen bis zum völligen Fehlen bei rein „bipyramidalen“ Kristallen zeigen können. Zum Teil schwer deutbar sind in ihrem Wachstum behinderte dünntafelige Formen auf Spaltflächen des Bleiglanzes von Auguste Viktoria.

β) Neubildung von Silikaten

Die Reaktion zwischen gelösten Na-Silikaten und Al-Salzen führt auf den Erzgängen zur Neubildung von $Al_2O_3 \cdot 2SiO_2 \cdot H_2O$. Bekanntlich kann diese Verbindung mit geringen strukturellen und optischen Unterschieden in den Formen Nakrit, Dickit und Kaolinit auftreten und gilt in dieser Abfolge als Charakteristikum für allmählich abfallende Bildungstemperaturen. Nakrit ist noch auf pneumatolytischen und hydrothermalen Gängen zu Hause, Dickit wird als Bildung bei Temperaturen wenig über 100° betrachtet und Kaolinit stellt das am tiefsten temperierte Glied der Reihe dar.

Schroeder erwähnt in Kukuks „Geologie“ ein kaolinartiges Mineral auf den Erzgängen, das nach einer 1924 durchgeführten Analyse der Formel $Al_2O_3 \cdot 2SiO_2 \cdot 2H_2O$ entspricht. Es wird angenommen, daß es sich dabei um Nakrit, bzw. um einen Pholerit im Sinne Guillemins (1825) handelt. Da die eigene Untersuchung über die Natur und die Verbreitung kaolinartiger Mineralien zwar interessante Eigentümlichkeiten im Vorkommen von Kaolinit und Dickit ergab, aber nirgends Nakrit im heute geltenden Sinne zu beobachten war, möchte ich meinen, daß die ältere Bestimmung überholt ist. Dafür spricht, daß zur Zeit der Durchführung der ersten Bestimmung der Dickit noch nicht beschrieben war. Er wurde bekanntlich erst 1930 von Ross & Kerr beobachtet und näher untersucht und auch auf deutschen Vorkommen (Neurode, Schlesien) nachgewiesen. 1934 ist er dann von Nagelschmidt im Kaolin von Freiberg in Sachsen festgestellt. Ramdohr (1947) erkannte den Dickit zuerst auf Grund seiner optischen Eigentümlichkeiten auf den beiden Erzgängen im Ruhrgebiet. Außerdem ist das Auftreten von Nakrit auch darum unwahrscheinlich, weil nachgewiesen werden kann, daß die Bildungstemperaturen der Vorkommen nur wenig oberhalb 100° gelegen haben können. Der

Kaolinit $Al_4[(OH)_8/Si_4O_{10}]$ kommt in 1—2 mm großen pseudohexagonalen monoklinen Täfelchen besonders am Vondernsprung (Levin) und abseits des eigentlichen Leviner Erzkörpers vor. Das wachsgelbe, glimmerartige Mineral ist optisch zweiachsig mit negativem Charakter der Doppelbrechung. $n_\alpha = 1{,}561$, $n_\beta = 1{,}565$, $n_\gamma = 1{,}566$. Der Austritt der optischen Achsen erfolgt nahezu senkrecht (001). 2V ist im Leviner Material recht groß (40—50°). Außerdem charakterisieren das Mineral schiefe Auslöschung (3,5°) zu (001) und deutliche Dispersion $r > v$. In seinen optischen Eigenschaften ähnlich ist dem Kaolinit der

Dickit $Al_4[(OH)_8/Si_4O_{10}]$. Ebenfalls optisch zweiachsig, aber positiv doppelbrechend. $n_\alpha = 1{,}561$, $n_\beta = 1{,}563$, $n_\gamma = 1{,}567$. 2V ist ebenfalls groß. Die Dispersion ist deutlich $r < v$. Auch der Dickit kristallisiert in monoklinen pseudohexagonalen Blättchen, ist aber immer nur in sehr kleinen Individuen, so aber oft massenhaft beobachtet. Räumlich ist er an die unmittelbare Nähe der vererzten Störungsteile der beiden Vorkommen geknüpft. Die Altersstellung beider Mineralien in der Paragenese ist nicht sicher festzulegen. Während ein Teil sicher ganz jung unter gegenwärtigen Verhältnissen entstand, scheinen auch Bildungen höheren Alters aufzutreten.

Interesse verdient die Verbreitung beider Mineralien im Felde Levin. Hier ist das Auftreten des Dickits an den Erzkörper im Prospersprung und seine unmittelbare Umgebung gebunden. Große Mengen des Minerals sind z. B. in den tonigen Serien um Flöz Ernestine in der Nähe der Durchörterungsstelle des Erzganges auf der 214-m-Sohle zu finden, doch treten die Bildungen häufig und weit verbreitet auch in den anderen Gangaufschlüssen auf. Kaolinit ist dagegen am Vondernsprung, der westlichen und zuerst angelegten Randstörung des Leviner Grabens, allein und unabhängig von der Teufenlage beobachtet. Dickit scheint dort nicht vorzukommen. Wären unter Berücksichtigung der eigentümlichen Altersstellung beider Minerale die Bildungstemperaturen der Paragenese im Prospersprung durch primäre Charaktereigenschaften aszendenter hydrothermaler Erzlösungen bedingt, so wären wahrscheinlich auch auf beiden Randstörungen des gleichen Grabens in gleichen Teufenlagen auch gleiche Temperaturverhältnisse und entweder nur Dickit oder nur Kaolinit oder beide gemeinsam zu erwarten. Die strenge räumliche Trennung der beiden Formen der Verbindung wirkt noch merkwürdiger, weil auf beiden Störungen doch im wesentlichen gleiche Vererzung und gleiche Tiefengrundwasserverhältnisse herrschen. Unterschiedlich sind lediglich die Mengen der zirkulierenden Solen und die Mengen der zur Abscheidung gekommenen Metallsulfide. Ohne mich darauf festlegen zu wollen, halte ich eine interne Bildungstemperaturerhöhung innerhalb der vererzten Störungsteile als Ursache dafür für möglich.

Paragonit (?) $NaAl_2 (OH)_2 AlSi_3O_{10}$ ist nur im Felde Levin beobachtet. In der Nähe der Störungen tritt hier in grobkörnigen bröckeligen und gebleichten Sandsteinen und Grauwacken als Neubildung ein farbloser Glimmer auf, den man zunächst für ausgebleichten Biotit halten könnte, der aber in seinen optischen Eigenschaften dem Paragonit entspricht oder ihm sehr nahe steht. Ähnlich wäre nach den Angaben LARSENS (1934) nur noch ein Na-haltiger Muskovit der Formel $(NaK)_2O3Al_2O_36SiO_22H_2O$. Beide, Paragonit und Na-Muskovit, sind sich optisch sehr ähnlich. Zu beobachten war am Leviner Material $n_\alpha = 1{,}57$, $n_\gamma = 1{,}60$, 2V, 40° Achsenwinkel. Farblosigkeit, Lichtbrechung und Flammenfärbung sprechen sehr für Paragonit, dessen Neubildung als Analogon zur Dickit- und Kaolinitbildung infolge der hohen Na_2O-Gehalte des Tiefengrundwassers wahrscheinlich ist.

Sauconit. ROSS (1946) beschreibt von mehreren nordamerikanischen Fundorten komplexe wasserhaltige Zn-Mg-Al-Fe-Silikate als Neubildungen und ordnet sie als dem Saponit $Mg_4AlH[(OH)_6]/Si_4O_{11}] \cdot 3H_2O$ ähnlich in die Montmorillonitgruppe ein. Ich möchte eine Neubildung, die auf Zinkblende vom William-Köhler-Gang zu beobachten ist, ebenfalls als Sauconit bezeichnen. Das Mineral tritt auf ZnS-Kristallen in weißen dünnen Häutchen auf, die durch Zusammentritt hexagonaler Blättchen entstehen, zeigt deutlich negative Doppelbrechung und ist praktisch optisch einachsig oder zweiachsig mit sehr kleinem 2V. Es ließen sich $n_\alpha = 1{,}560$, $n_\gamma = 1{,}595$ ($\pm 0{,}003$) bestimmen. Da durch die Bindung an Zinkblende wahrscheinlich ist, daß in der Neubildung eine Zn-Verbindung vorliegt und auch die genannten optischen Eigenschaften den von ROSS beobachteten sehr ähnlich sind, muß auch hier an wasserhaltige Zn-Al-Fe-Silikate gedacht werden. Leider ist die Neubildung bisher nur in so kleinen Mengen gefunden, daß eine chemisch analytische Untersuchung noch nicht möglich ist.

3. Zusammenfassung der bisherigen Ergebnisse

Das bisher Mitgeteilte mag in seinen Ergebnissen zwar das Bild unserer Vorstellungen von den Einflüssen heißer Solen auf Mineralsulfide und Gangarten runden, doch ist weiterer Arbeit in dieser Richtung breiter Raum gelassen. Lückenhaft ist das Ergebnis einmal wegen der Schwierigkeit und teilweisen Unmöglichkeit einer sicheren Bestimmung kleinster Mengen ganz unbekannter Sekundärmineralien, besonders wenn sie in Gemischen vorkommen. Fast aussichtslos, vielleicht aber doch nach einer erneuten intensiven Suche möglich, scheint mir das Auffinden sehr leicht wasserlöslicher Zn-Fe- und Cu-Salze, deren Bildung zur Zeit noch nicht direkt zu beweisen ist, sondern nur vermutet werden kann. Dennoch darf man als erstes Ergebnis feststellen, daß neben solchen Neubildungen, die als typische Vertreter der Oxydationszonen der meisten Erzlagerstätten der Erde gelten können, relativ zahlreich auch seltene Verbindungen vorkommen, die sonst nur an sehr hoch temperierte „eiserne Hüte", an Bildungen in Meeresnähe oder in der Nähe von Salzseen (Boleo, Copiapo, Quetena u. a.), oder an ein extrem arides Klima (Chuquicamata u. a.) gebunden sind. Typisch für diesen Teil der Paragenese ist offenbar eine Begünstigung niedriger Hydratstufen.

Zusammenfassend ist eine tabellarische Übersicht der bisher beschriebenen Mineralneubildungen gegeben. Die Ordnung ist diesmal unter Beachtung der geltenden Mineralsystematik vorgenommen. Die Tabelle gibt nur die Verbreitung der Paragenese der subrezenten Neubildungen wieder. Eingerandet ist die Gruppe der weniger interessanten, offenbar zum Teil tertiären Verwitterungsmineralien. (Tab. S. 25)

4. Reduktionsvorgänge als Ursache der Entstehung von Sekundärmineralien

a. Neubildung von Sulfiden durch Fällung an Na_2S, $(NaH)S$ oder H_2S

Haben ganz allgemein in den Oxydationszonen versickernde Oberflächenwässer nur in den allerobersten Teilen neben einer oxydierenden auch eine transportierende Bedeutung, so ist für die Erzgänge im Ruhrgebiet festzustellen, daß hier noch in großen Teufen (800 m) nicht nur die Neubildung den Verhältnissen angepaßter Schwermetallverbindungen erfolgt, sondern daß dieselben auch infolge ihrer guten Wasserlöslichkeit in gewissem größerem Umfange von den Solen gelöst und mit Zirkulationsbewegungen des Wassers auch begrenzt transportiert werden können.

Neben den üblichen Hutmineralien, in denen die Phosphate naturgemäß fehlen, bewirkt das Tiefengrundwasser hier durch seine NaCl-Gehalte zusätzlich die Bildung wasserlöslicher und deshalb auch leicht transportierbarer Chloride, Oxychloride, Chlorocarbonate und Chlorosulfate der Schwermetalle und begünstigt die Entstehung ebenfalls leicht löslicher Doppelsalze des Bleies, Kupfers, Zinks und Eisens untereinander. Daneben treten Doppelverbindungen von Schwermetallen und Na-Salzen auf. Ihre Löslichkeit und Transportierbarkeit wird erhöht durch die ungewöhnlich hohe Temperatur der Solen. Es muß aber festgestellt werden, daß der

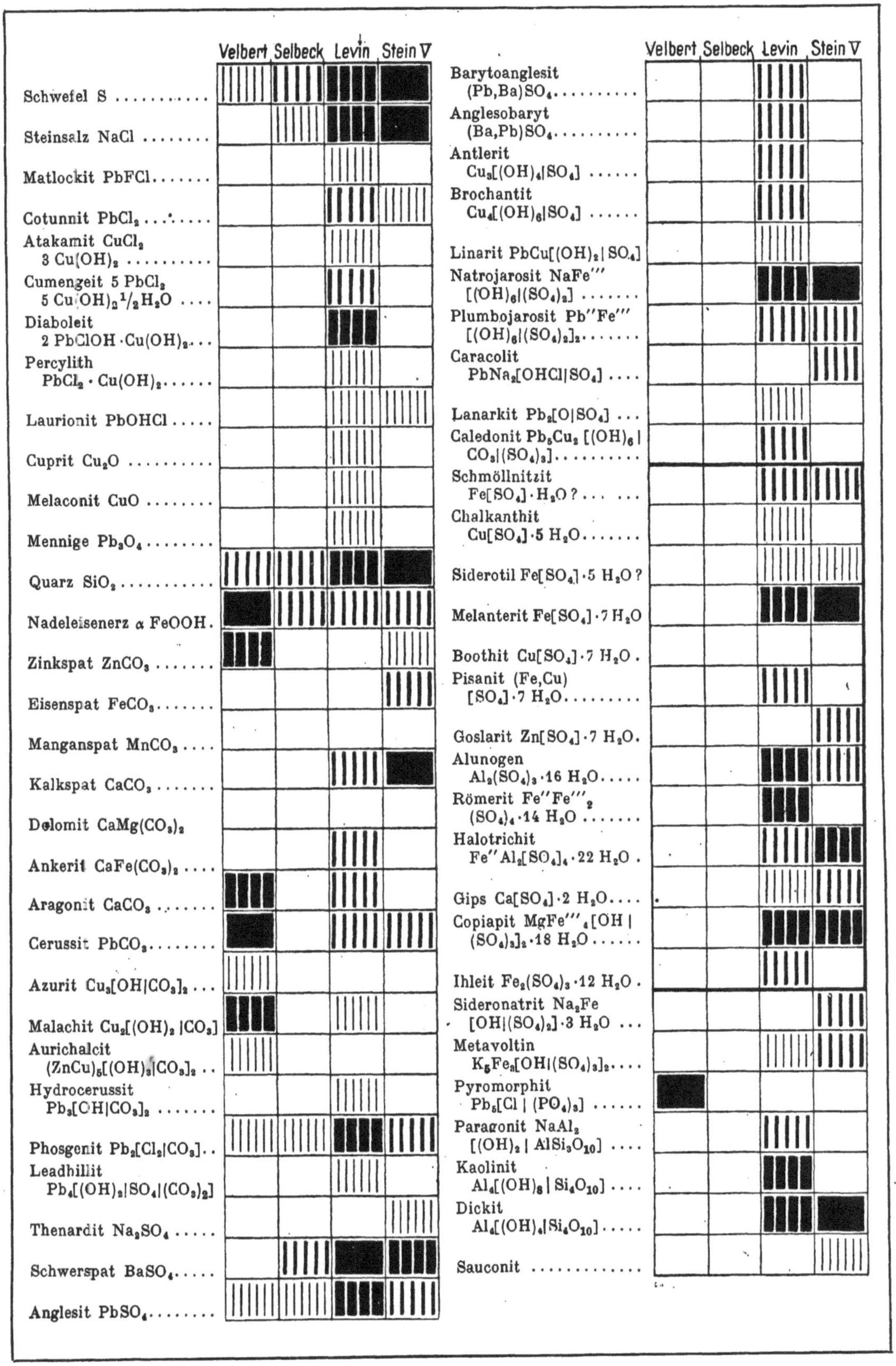
Velbert
Selbeck
Levin
Stein V
Schwefel S
Steinsalz NaCl
Matlockit PbFCl
Cotunnit $PbCl_2$
Atakamit $CuCl_2$ 3 $Cu(OH)_2$
Cumengeit 5 $PbCl_2$ 5 $Cu(OH)_2$ $^1/_2 H_2O$
Diaboleit 2 PbClOH · $Cu(OH)_2$
Percylith $PbCl_2$ · $Cu(OH)_2$
Laurionit PbOHCl
Cuprit Cu_2O
Melaconit CuO
Mennige Pb_3O_4
Quarz SiO_2
Nadeleisenerz α FeOOH
Zinkspat $ZnCO_3$
Eisenspat $FeCO_3$
Manganspat $MnCO_3$
Kalkspat $CaCO_3$
Dolomit $CaMg(CO_3)_2$
Ankerit $CaFe(CO_3)_2$
Aragonit $CaCO_3$
Cerussit $PbCO_3$
Azurit $Cu_3[OH|CO_3]_2$
Malachit $Cu_2[(OH)_2|CO_3]$
Aurichalcit $(ZnCu)_5[(OH)_3|CO_3]_2$
Hydrocerussit $Pb_3[OH|CO_3]_2$
Phosgenit $Pb_2[Cl_2|CO_3]$
Leadhillit $Pb_4[(OH)_2|SO_4|(CO_3)_2]$
Thenardit Na_2SO_4
Schwerspat $BaSO_4$
Anglesit $PbSO_4$
Barytoanglesit $(Pb,Ba)SO_4$
Anglesobaryt $(Ba,Pb)SO_4$
Antlerit $Cu_3[(OH)_4|SO_4]$
Brochantit $Cu_4[(OH)_6|SO_4]$
Linarit $PbCu[(OH)_2|SO_4]$
Natrojarosit NaFe''' $[(OH)_6|(SO_4)_2]$
Plumbojarosit Pb''Fe''' $[(OH)_6|(SO_4)_2]_2$
Caracolit $PbNa_2[OHCl|SO_4]$
Lanarkit $Pb_2[O|SO_4]$
Caledonit $Pb_5Cu_2[(OH)_6|CO_3|(SO_4)_3]$
Schmöllnitzit $Fe[SO_4]\cdot H_2O$?
Chalkanthit $Cu[SO_4]\cdot 5 H_2O$
Siderotil $Fe[SO_4]\cdot 5 H_2O$?
Melanterit $Fe[SO_4]\cdot 7 H_2O$
Boothit $Cu[SO_4]\cdot 7 H_2O$
Pisanit (Fe,Cu) $[SO_4]\cdot 7 H_2O$
Goslarit $Zn[SO_4]\cdot 7 H_2O$
Alunogen $Al_2(SO_4)_3\cdot 16 H_2O$
Römerit Fe''Fe'''$_2$ $(SO_4)_4\cdot 14 H_2O$
Halotrichit Fe''$Al_2[SO_4]_4\cdot 22 H_2O$
Gips $Ca[SO_4]\cdot 2 H_2O$
Copiapit MgFe'''$_4$[OH | $(SO_4)_3]_2\cdot 18 H_2O$
Ihleit $Fe_2(SO_4)_3\cdot 12 H_2O$
Sideronatrit $Na_2Fe[OH|(SO_4)_2]\cdot 3 H_2O$
Metavoltin $K_5Fe_3[OH|(SO_4)_3]_2$
Pyromorphit $Pb_5[Cl|(PO_4)_3]$
Paragonit $NaAl_2[(OH)_2|AlSi_3O_{10}]$
Kaolinit $Al_4[(OH)_8|Si_4O_{10}]$
Dickit $Al_4[(OH)_8|Si_4O_{10}]$
Sauconit

Ausdruck „leichte Löslichkeit" natürlich relativ aufzufassen ist; gut ist die Löslichkeit z. B. von Bleisalzen in bezug auf Bleiglanz. Gegenüber den Salzen der Alkalien und Erdalkalien oder auch auf Eisensalze bezogen ist sie für die meisten Pb-Verbindungen bekanntlich sehr gering. Immerhin wäre denkbar, daß kleinere Bleisalzmengen im Grubenwasser noch einfach analytisch nachweisbar vorhanden wären, doch sind abgesehen von Fe-Salzen und gelösten Salzen der Erdalkalien und Alkalien in den Wasseranalysen, die freilich ohne Rücksicht auf geringe Spuren von Stoffen durchgeführt werden, welche nicht gerade im Rahmen des Bergbaues interessieren, keine Gehalte an Pb, Zn oder Cu verzeichnet. Andererseits steht einwandfrei fest, daß noch bis zur Verritzung der Lagerstätten eine Neubildung von Sulfiden in beträchtlichem Ausmaß von den in Lösung gegangenen Teilen der Oxydationsverbindungen älterer Sulfide ausgegangen ist. Das läßt sich durch viele Einzelbeobachtungen beweisen, über die noch näher zu sprechen sein wird.

Ursache des Fehlens nachweisbarer Mengen von Schwermetallsalzen in den Grubenwässern ist die eigentümliche Bedeutung, die das FeS_2 im Rahmen der Umbildungsvorgänge hat. Der Eisenkies bildet einen Hauptbestandteil der Erze, und auch die sedimentären Kiese in bituminösen Gesteinen, in Alaunschiefern und Flözen sind in der Verwerfungsbrekzie mit großer Oberfläche für die Solwässer aufgeschlossen.

Zunächst wird das FeS_2 im Soleneinfluß unter Bildung freier H_2SO_4 in Fe^{II}- und Fe^{III}-Salze übergeführt. Freie Schwefelsäure wirkt von sich aus örtlich kräftig auf alle Sulfide — auch auf das FeS_2 selbst — und führt dabei zum Freiwerden gewisser Mengen H_2S unter gleichzeitiger Bildung weiterer Sulfate des Fe, Zn, Cu und Pb. Die hohen NaCl-Gehalte der Wässer bewirken nebenher Bildung von Chloriden und Doppelverbindungen. Auch diese Verbindungen gehen wie die Sulfate teilweise in Lösung, aus der im Einfluß des H_2S schnell Ausfällung des Pb, Cu, Zn und Fe eintritt. Während Pb, Cu und Zn aus den Lösungen schon im sauren und schwachsauren Bereich als Sulfide ausfallen, wird das Fe im Rahmen der Zirkulation der Solen soweit und solange transportiert, bis örtlich bei geringeren H-Ionenkonzentrationen oder durch freies Na_2S auch das Eisensalz wieder zum Sulfid reduziert werden kann.

Der Vorgang wiederholt sich immerfort in allen Berührungsstellen zwischen Sole und Erz, führt durch die Flußbewegung der Wässer zu einer allmählichen Umlagerung der Vorkommen und bewirkt gleichzeitig in bescheidenen Ausmaßen eine allmähliche Fortbewegung der Vererzung auf den Gangspalten.

Der Gesamtvorgang ist in seinen Grundzügen der gleiche wie in den Zementationszonen vieler Lagerstätten, in denen aus gelösten Salzen edle Sulfide an unedlen gefällt werden. Wesentlich anders ist allerdings, daß es sich hier um Wechselreaktionen vornehmlich zwischen Pb- und Zn-Salzen mit FeS_2 handelt, daß dieser Vorgang sich infolge häufiger Änderungen der H-Ionenkonzentrationen der Lösungen kontinuierlich fortsetzen kann und daß die Wirkungsrichtung der Vorgänge nicht wie dort vertikal sondern horizontal orientiert ist.

Die auf den Gangspalten des Ruhrgebietes und des Oberbergischen Landes beobachteten Mineralsulfide sind:

Zinkblende ZnS. Die Neubildung von Zinkblende fand auf Auguste Viktoria bis zur Verritzung der Lagerstätte in den Zirkulationsbahnen der Solwässer statt. Einerseits sind heute allerorts kräftige Ätzungen von jungem Eisenkies ausgehend an den Blenden wahrnehmbar, andererseits sind erstmalig durch Ramdohr (1947) auf älteren Blendekristallen von Auguste Viktoria weiße oder schwach gelbliche Überzüge beobachtet und von ihm bereits vor Jahren als Zinkblendeneubildungen bestimmt worden. Gleichartige Überzüge ließen sich nach erneuter Suche auch auf anderen Mineralien (Quarz, Kalkspat, Bleiglanz) finden, sind ohne erkennbare Ursache in manchen Teilen des Erzkörpers häufig, in anderen selten, und sind dort durch andersgeartete Blendeneubildungen ersetzt. Die zweite Art der sekundären Blenden besteht aus meist nur millimetergroßen dunklen Einzelkristallen, die unregelmäßig verteilt, bald in weiten Abständen, bald zu kompakten Kristallkrusten zusammentretend, den älteren Kluftmineralien aufsitzen. Während die fast ungefärbten Blenden in allen Übergängen zu Schalenblenden vorkommen können, die auch mit höherem Entstehungsalter aus der Periode der Entstehung der jungen Calcite bekannt sind und auch in der seltenen Paragenese mit dem noch älteren Schwerspat auftreten, bildet die sekundäre kristallisierte Blende den Übergang zur gewöhnlichen „derben Blende", die auf Auguste Viktoria Haupterz ist.

Schalenblenden sind auf Stein V nicht gerade häufig und unterscheiden sich zwar äußerlich durch ihre immer nur geringe Dicke (max. 1 cm), nicht aber mineralogisch von Stücken aus Oberschlesien oder der Aachener Gegend. In vielfachem Wechsel bauen sie sich aus verschieden intensiv gefärbten Schalen auf, enthalten Markasit, manchmal auch Bleiglanz, der seiner großen „Kristallisationsfreudigkeit" wegen dann in relativ großen Kristallen in den Schalenbau eingelagert ist. Die „sekundären", besser jüngsten Blendekristalle weichen weder in der Farbe noch in kristallographischen und optischen Eigenschaften von den „primären" älteren Bildungen ab. Die Färbungen der Blenden wechseln in den verschiedenen Vorkommen des Gesamtgebietes und auch innerhalb einer Einzellagerstätte stark. Sehr helle Honigblenden treten jugendlich gebildet auf Levin auf und sind auf Selbeck in fast faustgroßen Kristallen noch heute an den Halden zu finden. Zwischen satt rotbraun gefärbten Kristallen von den Velberter Vorkommen (Prinz Wilhelm, Glückauf u.a.) oder den dunkelbraunen von Christian Levin (ältere Generation) und den fast schwarzen Zinkblenden von Auguste Viktoria sind alle Übergänge zu beobachten.

Die Farbe der Blende ist selbst im Einzelkristall nicht einheitlich, wechselt hier vielmehr wiederholt kräftig in einzelnen Wachstumszonen. Zonarer Bau ist für die Blenden im Gesamtgebiet charakteristisch. Während für die Kristalle aus dem Südgebiet breite Zonen mit wenig deutlichen Farbunterschieden gegeneinander typisch sind, zeigen die Blenden von Auguste Viktoria in der Regel einen häufigen, manchmal mehr als hundertfachen rhythmischen Wechsel fast farbloser mit schwarzbraun gefärbten

Zonen. Eine Art Übergangsstellung nehmen die Blenden von Levin (ältere Bildungsperiode) ein, indem sie zwar noch aus zahlreichen schmalen Zonen bestehen, die aber gegeneinander keine oder nur geringe Farbunterschiede zeigen. In einheitlich gefärbten Kristallen ist es eine kräftige Spannungsdoppelbrechung, die sich in verschiedenen Wachstumszonen verschieden stark und verschiedenartig auswirkt und die Erkennung der eigentümlichen Bauverhältnisse im polarisierten Licht ermöglicht. Optische Anomalien sind an ungestörten Kriställchen, aber auch an dünnen Splittern, besonders gut an dicken Schliffen — hier allerdings zum Teil durch den Schleifvorgang bedingt — wahrnehmbar und wahrscheinlich nicht nur Folge von Wachstumsvorgängen, sondern auch durch tektonische Beanspruchungen hervorgerufen.

Häufiger als „derbe Blenden" sind Bildungen „drusiger Struktur", d. h. solche, die überwiegend aus wohlentwickelten Einzelkristallen bestehen. Selbst in den „derbsten" Erzen von Auguste Viktoria deuten sich im zonaren Wachstum drusige Innenstrukturen an. M. E. ist es deshalb eine Sache des persönlichen Geschmacks, manche Erze derb, andere drusig zu nennen. Selbst die derbsten Partien sind schließlich nur Folge junger Rekristallisationen oder tektonischer Zusammenpressungen von Einzelkristallen. Am häufigsten entstehen die derben Partien aber einfach als Anhäufungen von Einzelkristallen, verursacht durch zeitlich sehr lang währende allmähliche Ausfällung von ZnS und Kristallisation von vielen Kristallisationszentren gleichzeitig. Dabei behindern sich die Individuen in ihrem Wachstum wenig, bilden sich vielmehr so lange neben- und übereinander, bis mit der Ausfüllung der Spaltenräume dem Vorgang eine Grenze gesetzt ist.

Eine kristallographische Deutung der Blenden durchzuführen ist meist schwierig, weil fast immer Zwillinge, Viellinge oder Viellingsgruppen auftreten. Außerdem wachsen regellos manche Teile eines Kristalles schneller als andere, rufen dabei Verzerrungen der Formen hervor und führen zur Ausbildung unebener Kristallflächen. Mosaikstrukturen und subparalleles Zusammentreten von Subindividuen sind häufig zu beobachten.

Die Klärung der Frage nach der Ursache des Zonenbaues mancher Mineralsulfide — er ist z. B. auch für Bleiglanz typisch — konnte nur von Zinkblenden ausgehen, die in polierten Dünnschliffen ihrer Durchsichtigkeit wegen zur mikroskopischen Untersuchung besonders geeignet sind. Dabei ist auf die Arbeiten von NEWHOUSE (1933) zurückgegriffen worden. NEWHOUSE untersuchte die Zinkblenden des Mississippi-Valley auf ihre Gehalte an eingeschlossenen Resten der Mutterlaugen. Er ermittelte ihre Bildungstemperaturen an Gaslibellen der Einschlüsse, indem er das Material in einer besonderen Versuchsanordnung unter dem Mikroskop gleichmäßig steigend bis zum Verschwinden der Libellen erhitzte. Da bei den geringen Bildungstiefen der Lagerstätten die Druckverhältnisse vernachlässigt werden können, bilden so gefundene Werte ein brauchbares Zahlenmaterial für die Beurteilung der Temperaturen, unter denen die Bildung der Mineralparagenese in den Gangspalten vor sich gegangen ist.

Im Rahmen dieser Arbeit sind Blenden von Selbeck, Christian Levin und Auguste Viktoria näher untersucht worden. In möglichst dick gewählten beidseitig polierten Schliffen zeigen sich massenhaft Flüssigkeitseinschlüsse, teilweise allerdings sekundärer Natur, d. h. an jungverheilte Sprünge gebunden. Primäre Einschlüsse halten sich enger an den Zonenbau und sind zwar ebenfalls massenhaft vorhanden, aber meist so klein, daß sie für die Untersuchung nicht in Frage kommen. Brauchbare größere Einschlüsse sind relativ selten, fehlen aber nicht und bilden dann zusammenhängende Blasenzüge von unregelmäßig gestreckter oder gekrümmter länglich schlauchartiger Form. Es sind allgemein in ihnen nur winzige Libellen zu beobachten, was grundsätzlich auf niedrige Bildungstemperaturen hindeutet.

Weil bekanntlich die Farbintensitäten der Blenden von ihren Fe-Gehalten abhängen und diese allgemein mit steigenden Bildungstemperaturen gleichfalls ansteigen, war zu vermuten, daß die sehr dunkel gefärbten Zonen mancher Blenden von Auguste Viktoria höher temperiert gebildet seien als die fast farblosen. Die Bestimmung der maximalen Bildungstemperatur der Blenden mußte deshalb von der Beobachtung an dunklen Kristallteilen ausgehen. Leider bedingt die kräftige Färbung so geringe Schliffdicken, daß die größeren Flüssigkeitseinschlüsse bereits zerstört sind, wenn die notwendige Durchsichtigkeit des Schliffes erreicht ist. Es konnten deshalb für die Bildungstemperaturbestimmung an den Blenden von Auguste Viktoria ebenfalls nur dickere Schliffe verwendet werden, die die Untersuchung der dunkelsten Zonen nicht mehr zuließen.

Die im Paraffinbad ermittelten maximalen Bildungstemperaturen sind:

1. für Honigblenden von Selbeck 115° C,
2. für kastanienbraune Blenden von Christian Levin 110° C,
3. für schwarzbraun gefärbte Zonen in Blenden von Auguste Viktoria 112° C,

wobei festzustellen ist, daß im letzteren Fall für fast schwarze Zonen etwas höhere Bildungstemperaturen zu vermuten sind. Flüssigkeitseinschlüsse in sehr hellen Zonen zeigen beim Erhitzen merkwürdigerweise selten das Verschwinden der Gaslibellen bei tieferen Temperaturen als oben angegeben. In einem Fall sind 60°, in einem anderen 80° C (vielleicht Sekundäreinschlüsse) gemessen worden. Ich möchte meinen, daß Schwankungen der Bildungstemperatur nur in Grenzen von 30—50° liegen könnten, und kann mir nicht denken, daß ein so eng begrenzter Temperaturwechsel allein die starken Farbintensitätsschwankungen verursacht haben kann. Sicher sind Änderungen des S-Partialdruckes für die Färbungen der Blenden hier von maßgeblicher Bedeutung, wobei allerdings fraglich ist, ob nicht letzten Endes jene Schwankungen durch Änderungen der H-Ionenkonzentrationen der Wässer hervorgerufen werden; denn gerade Änderungen der p_H-Werte — und zwar in weiteren Grenzen als sie von WINTER & MOENNIG (1932) (5,9—7,8 p_H) beobachtet sind — sind auf den Erzgängen mit Ort und Zeit wechselnd zu vermuten. Davon zeugen die mannigfachen sekundären Verbindungen, die sich bei Annahme ± constanter Acidität der Wässer zum Teil in der Bildung gegenseitig ausschließen würden. Zieht man in Betracht, daß die meisten von ihnen die Anwesenheit schwach saurer Lösungen zur Bildung voraussetzen, so läßt die Tatsache, daß helle Zonen der Blenden sehr viel breiter sind als dunkle, vermuten, daß bei kleinen p_H-Werten der Wässer — das entspricht gewöhnlich einem ± geringen S-Partialdruck — helle, bei sehr schwach sauren, neutralen und alkalischen Lösungen, mit dem in diesen Bereichen möglichen höheren S-Partialdrucken, FeS und ZnS in isomorpher Mischung ausfallen und dunkel gefärbte Blenden bilden.

Schalenblenden sind vermutlich nicht Produkte eines örtlich und zeitlich eng begrenzten Temperaturabfalles, sondern können durch örtliche Erhöhung der Fällungsgeschwindigkeit entstehen. Das wird dadurch wahrscheinlich, weil eigentümlich oft die jüngsten und ältesten Schalen von Zinkblendekristallen gebildet werden, die sich durch den typischen zonaren Bau auszeichnen.

Die relative Altersstellung der Blenden innerhalb der Paragenesen der Einzelvorkommen ändert sich im Gesamtgebiet von Süden nach Norden. Aus dem südlichen Gebietsteil (Gänge von Velbert und Mintard) wird in allen älteren Beobachtungen einheitlich berichtet, daß ein beträchtlicher Teil der Blende als älteste Abscheidung in den Gangspalten auftritt. Die Feststellungen BOEKERS (1906) u.a. werden durch meine eigenen Beobachtungen an Haldenmaterial der aufgelassenen Gruben vollauf bestätigt. Ein in der Literatur häufig zu findender Hinweis, daß die Vorkommen nach der Teufe aus Bleierzgängen zu reinen Zinkblendegängen werden, darf nicht ohne Bedenken als Beweis für das hohe Bildungsalter des Minerals herangezogen werden, weil sich auf den Erzgängen im Ruhrgebiet gezeigt hat, daß nach einer Wiederbelebung der alt angelegten Verwerfer jung eine schnelle Ausfällung zum Teil großer Blendemengen stattgefunden hat. Hier ist nach der Teufe ebenfalls eine Zunahme der Zinkblende zu verzeichnen, die aber — und das ist eindeutig — ein relativ jugendliches Alter besitzt. Bildungen dieses Alters scheinen in der Velberter Gegend selten zu sein, doch werden sie von BOEKER (1906) als Trümchen heller Blende, die die ältere Vererzung durchsetzen, erwähnt.

Auf Christian Levin treten die Blenden sehr weit hinter die Bleiglanze zurück. (Gewöhnlich liegen die Zn-Gehalte der Roherze unterhalb 0,5%) und sind in ihrer Gesamtmenge sicher nicht bedeutender als der über das ganze Vorkommen fein verteilte Kupferkies. Auch hier erscheint das Mineral in zwei Bildungsabschnitten des Erzkörpers, einmal mit Kupferkies, Siderit und Ankerit vergesellschaftet, älter als der Bleiglanz, dann aber auch jünger als dieser, gemeinsam mit FeS_2, nach einer jungen Spaltenbelebung.

Auf Auguste Viktoria tritt Zinkblende zum ersten Mal im Anschluß an die Abscheidung der älteren grobspätigen Bleiglanze auf. Die Blendebildung wird durch eine Posthumbewegung an der Störung unterbrochen, nach der größere Mengen feinkörniger Mischerze von Zinkblende, Bleiglanz und Eisenkies in der Gangspalte entstehen. In geringerem Maße setzt sich die Ausfällung von Zinksulfid auch weiterhin bis in die Gegenwart fort, doch läßt sich nicht sicher sagen, wo zeitlich die Zufuhr von Zink aufhört und die einfache Umlagerung bereits abgeschiedener älterer Blende beginnt. Aus später noch zu erörternden Gründen ist wahrscheinlich, daß die Bildung der Mischerze im Anschluß an den jungen Bewegungsvorgang auf der Verwerfung den Abschluß des primären Einwanderungsvorganges darstellt. Teilweise erfolgt die Bildung sehr junger Blenden in kokardenartigen Verwachsungen mit Quarz und Bleiglanz von jungen OW-streichenden Störungselementen aus, meist aber unabhängig von ihnen innerhalb des Erzkörpers. Durch Umbildungsvorgänge im Einfluß der Solwässer entstehen Schalenblenden und jüngste Neubildungen von Blendekristallen.

W u r t z i t ZnS. In den äußeren Partien mancher Schalenblenden von Auguste Viktoria sind Krusten winziger Kristalle beobachtet, die zunächst für Zinkblende gehalten wurden, die aber in Dünnschliffen von Zinkblende abweichende optische Eigenschaften zeigen. Das hellbraune, klar durchsichtige Mineral zeigt keine Wachstumszonen, baut sich aus Gruppen dünner Lamellen auf, die deutlich und nicht anomal doppelbrechend sind. Die Werte der Lichtbrechung sind in den Kristallaggregaten nicht bestimmbar, liegen aber in der Nähe des für Zinkblende charakteristischen Wertes. Ich möchte aus den unterschiedlichen optischen Eigenschaften des Minerals auf das Auftreten von Wurtzit schließen, dessen Vorkommen in Schalenblenden anderer Lagerstätten ja ebenfalls häufig beobachtet worden ist. Außerdem ist eine genetische Beziehung zu sauren Lösungen, auf die man seine tiefhydrothermale Bildung oft zurückzuführen sucht, hier sicher gegeben.

K u p f e r k i e s $CuFeS_2$. Im Gesamtgebiet ist der Kupferkies ein häufiges Mineral. Er kommt auch hier, wie meistens auf der Erde, in weiter Verbreitung und feiner Verteilung vor. Weit abseits von den vererzten Teilen der großen Verwerfer führen engste Trümchen in Gangartkarbonaten oder Quarz noch Kupferkies, wo andere Sulfide (Zinkblende, Bleiglanz) bereits fehlen.

Die Untersuchung der altersmäßigen Stellung des Kupferkieses in den Vorkommen des Ruhrgebietes zeigt, daß der größte Teil eine der zeitlich frühesten Bildungen ist. Untergeordnet erscheint das Mineral außerdem manchmal in einem jungen Abschnitt der Lagerstättengeschichte, u. U. lange nach der ersten Posthumbelebung an den Spalten. Auf Levin liegt das erste Erscheinen des Kupferkieses an der Basis des Bleiglanzes der Hauptabscheidung und innerhalb der älteren Ankerite und Siderite. Die Verbreitung des $CuFeS_2$ ist deshalb an die Teile des Vorkommens gebunden, die auf Grund der speziellen tektonischen und mineralparagenetischen Verhältnisse die ältesten sind. Hier kommt der Kupferkies mit Blende und Bleiglanz ungefähr im Verhältnis 1 : 1 : 1 im Spateisen in mehreren Generationen vor und kann mit dem Spateisen gleichaltrig oder jünger als dieses zeitgleich mit früher Zinkblende und frühem Bleiglanz gebildet sein. Orientierte Einschlüsse von Kupferkies in Zinkblende sind häufig und sind in mehreren Wachstumszonen beobachtet.

In dem jünger gebildeten bleireichen Teil der Leviner Lagerstätte gingen der Abscheidung der Bleiglanze Lösungsvorgänge voraus, die früh die Zerstörung der Ankerite und Siderite einleiteten und erst den Raum schafften, der später durch jüngere Bleiglanze der Hauptabscheidung erfüllt werden sollte. Dabei wurden die Kupferkiese aus der Gangart gelöst, fielen auf horizontal liegende Einzelfragmente der Verwerfungsbrekzie oder in ihre Zwickel und bildeten hier direkt auf dem älteren Quarz oft die Unterlage, auf der die Ausfällung des Bleisulfides einsetzte. In mehr als 70 % aller Fälle zeigten durchgeschlagene Einzelkristalle des Bleiglanzes von Levin basal den Einschluß eines Kupferkieskristalles oder einer Kristallgruppe. Wuchs im Rahmen der Hauptabscheidung auf Levin ein PbS-Kristall der frühen Bildung fort, so lassen sich erzmikroskopisch wie in den alten Zinkblenden manchmal zonar eingelagerte Kupferkiese auch beim Bleiglanz nachweisen. Kupferkieskristalle aus dieser Bildungsperiode sind selten frei zu beobachten, kommen aber in den südlichen Streckenteilen des Gangortes VI. Sohle vor, wo infolge von Lösungsvorgängen der Bleiglanz abgetragen ist und die von ihm einst umschlossenen $CuFeS_2$-Kristalle freigelegt worden sind.

In den Bleiglanzen der Hauptbildungszeit fehlt das Mineral und tritt erst in den auf Levin sehr jungen Schwerspäten, eingelagert in ihre Wachstumszonen oder in Klüften und Hohlräumen, erneut auf.

Auf Stein V tritt Kupferkies überwiegend in einer Generation, ebenfalls an die ältesten Teile des Vorkommens gebunden auf. Seine oft recht großen Kristalle sind — wie auf Levin — direkt auf dem ältesten Quarz die Unterlage für grobspätige Bleiglanze, die zusammenhängende Massen in den Liegend- und Hangendpartien des Nordmittels bilden und mit ihrer gleichen Altersstellung zum Kupferkies Äquivalente zu dem Leviner Bleiglanz der Hauptbildungszeit darstellen. Aus den Velberter Lagerstätten ist Kupferkies durch BOEKER (1906) vom Helenengang der aufgelassenen Grube „Vereinigte Glückauf" in derber Form beschrieben, kommt aber sonst nur kristallisiert in gleicher Altersstellung wie auf Levin vor. An der Halde der ehemaligen Bleizeche Ferdinande (Velbert) sind größere Kristalle im Dolomit eingesprengt zu finden. Ein Anschliff des Materials, dessen Oberfläche einen Schnitt nahe der Kristallperipherie bildet und angenähert parallel zur Kristallunterseite liegt, zeigt in den Innenteilen des $CuFeS_2$-Kristalls eingeschlossene idiomorphe Pyritwürfel. Die Lage der Einschlüsse in der Wachstumsbasis des Kupferkieses macht es wahrscheinlich, daß hier am älteren Pyrit die Fällung des Minerals erfolgte, daß der Pyrit also im Rahmen anzunehmender Umbildungsvorgänge der Lieferant von freiem H_2S oder Na_2S gewesen ist. Man kann hier an analoge Vorgänge denken, die auf den Erzgängen des Ruhrgebietes die Ausfällung des PbS an den älteren Kupferkiesen herbeigeführt haben. Orientierte Einschlüsse von Zinkblende in den peripheren Kristallteilen des $CuFeS_2$ deuten das zonare Wachstum auch dieses Minerals an.

Eine Unterscheidung der altersverschiedenen Kristalle nach ihrer äußeren Form gelingt an Handstücken selten eindeutig. Als Regel kann dabei gelten, daß die alten Formen relativ flächenarm und unverzwillingt, die jungen flächenreicher und meist zu sehr komplizierten Viellingsgruppen vereinigt sind. Durch Berücksichtigung des tektonischen Beanspruchungszustandes der Kristalle gelangt man häufig zu einem sichereren Bild. Während die jungen frei von jeder Druckbeanspruchung sind und beim Zerschlagen nur frische Bruchstellen zeigen, lassen sich die geologisch alten Kristalle gern nach alt angelegten Sprüngen zerlegen und zeigen auf den Oberflächen der Fragmente dann nicht selten dünne Überzüge von Bornit oder Cuprit.

Covellin CuS ist sehr häufig auf den Flächen (111) des Kupferkieses in den südlichen Gangaufschlüssen auf der VI. Sohle Levin zu finden. Auf Klüften im Schwerspat der V. Sohle des gleichen Vorkommens treten Pseudomorphosen von Covellin nach Kupferkies auf. Die Bildungen sind in-situ-Fällungen aus schwach sauren wässerigen Lösungen von Kupfersulfaten oder Cu-Fe-Pb-Doppelverbindungen, deren Entstehung hier im Einfluß des Tiefengrundwassers auf $CuFeS_2$ zu beobachten ist. Das Vorkommen von Covellin verdient Interesse, weil er sonst bekanntlich häufig ein Zementationsmineral ist und hier auf die Analogie der Bildungsvorgänge mit denen in den Reduktionszonen vieler Cu-Lagerstätten hinweist.

Bornit Cu_5FeS_4 findet sich im Covellin von der V. Leviner Sohle pseudomorph nach Kupferkies und scheint älter, u. U. primär mit der Bildung der löslichen Oxydationsverbindungen durch Abtransport von Teilen der Fe- und S-Gehalte des Kupferkieses entstanden zu sein. Auch

Kupferglanz Cu_2S ist in geringer Menge neben Buntkupfer zu beobachten und wahrscheinlich Produkt des gleichen Vorganges.

Bleiglanz PbS. Der gleiche Vorgang, der in den Lagerstätten zur subrezenten Bildung von Zinkblende geführt hat, hat auch überall die Bleiglanze betroffen und über lösliche Bleisalze eine Neubildung und Umlagerung von PbS bewirkt.

Die Korrosion beginnt mit einer leichten Ätzung der Flächen und führt über eine kräftige allgemeine Aufrauhung zur Bildung regellos verteilter rundlicher und zum Teil tiefer Ätzgruben und streng orientierter Ätzrinnen, deren längste Dimension der Flächendiagonale des Würfels parallel, also parallel [110] des Bleiglanzes, orientiert ist. Der Schwund der Kristalle ist in allen Übergängen bis zur völligen Auflösung von Einzelkristallen zu studieren. Im wiederholt genannten Südteil des Gangaufschlusses VI. Sohle Levin sind als Folge davon die älteren basal eingeschlossenen Kupferkiese freigelegt. Korrosionserscheinungen gleicher Art sind nicht selten auch als Folge geologisch älterer Vorgänge im Zonenbau der Leviner Bleiglanze wiederzufinden und stehen offenbar in dauerndem Wechsel mit Wachstumsvorgängen. Beim Aufspalten großer Kristalle erkennt man häufig Querschnitte tiefer Ätzgrubenzüge in Wachstumszonen, die den Flächenlagen (100) und (110) bzw. (111) folgen. Die Hohlräume treten aber nicht immer zu Porenzonen zusammen, sondern können sich auch fein über die ganze Spaltfläche verteilen, stehen aber in keiner erkennbaren Beziehung zu tektonischen Störungen der Kristalle. Allerdings hängt eine zweite ganz andere Art von Hohlräumen, die hier aber nicht interessiert, genetisch mit einer unvollständigen Ausheilung junger Klüftung zusammen. Wichtig sind nur die echten Korrosionsspuren, weil auch in ihnen oft die Neubildung von Anglesit und Cotunnit zu beobachten war. Auch lassen sich an frischen Spaltstücken gelegentlich Flüssigkeitseinschlüsse in ihnen nachweisen, deren Chemismus nicht untersucht worden ist, weil die Flüssigkeitsmengen verschwindend klein sind. Es ist aber schon die Anwesenheit von $PbCl_2$ in ihnen ein Hinweis dafür, daß bei der Bildung der Erzmineralien Solwässer anwesend waren.

Das Wachsen und Schwinden der PbS-Kristalle fand in der Leviner Lagerstätte noch subrezent gleichzeitig nebeneinander statt. Es überwiegt in manchen Teilen des Erzkörpers der eine Vorgang, in manchen der andere, und schon auf einer größeren Stufe sind beide Erscheinungen nebeneinander erkennbar. Der Wachstumsvorgang der PbS-Kristalle ist fast nie gleichmäßig, geht zwar von mehreren Punkten auf einer Kristallfläche gleichzeitig, aber anscheinend mit verschiedener Geschwindigkeit vor sich, und zwar meist, ohne sich an bestimmte Kristallelemente, z. B. an Kanten oder Flächenmitten, bevorzugt zu halten. Recht häufig sind auf den Würfelflächen Subindividuen in Form von Mittelkristallen der Kombination (111) und (100) aufgewachsen. Die Kristalle sind durch Verkürzung der auf der Würfelfläche senkrecht stehenden Achse taflig und nach einer zweizähligen Achse nadlig gestreckt. Dabei ist eine strenge Orientierung der Nadelachsen der Subindividuen parallel [110] des Mutterkristalls zu bemerken. Im Ganzen entspricht der Phänotyp dieser Bildungen des Fortwachstums den Cotunnitorientierungen parallel [110] des Bleiglanzes so sehr, daß man zunächst annimmt, daß von den Aufwachsungen des leicht löslichen Cotunnit ausgehend die Keimbildung der orientierten Subindividuen erfolgt, doch ist festzustellen, daß die zweite Art der Cotunnitorientierungen parallel [100] des Bleiglanzes diese Bedeutung offenbar nicht besitzt, und es bleibt deshalb zweifelhaft, ob nicht andere Ursachen die allgemein recht ungewöhnliche Form des Wachstums bewirken.

Gewöhnlich bildeten im Rahmen der Hauptbleiabscheidung auf Levin früh entstandene Sulfide (Bleiglanz, Zinkblende, Kupferkies) die Unterlage, auf der die Fällung und Kristallisation einsetzte. Von vielen Zentren verschiedener Lage zueinander ausgehend, erfolgt das Wachstum gleichzeitig, aber verschieden schnell. Dabei führt der Einschluß von $CuFeS_2$ zu besonders starken Verzerrungen, weil zunächst eine Anlehnung an die Flächenlagen des fremdkörperartig umhüllten Kupferkieses erhalten bleibt. Allmählich entsteht eine gekrümmte, aus Subindividuen aufgebaute Kristallgruppe, die schließlich zum sehr großen verzerrten Einzelkristall auswächst. Die Mosaikstrukturen, die als ein Charakteristikum der Mineralien des Lagerstättentyps gelten können, sind aber nicht nur dadurch veranlaßt. Größere Einschlüsse von Quarz, Baryt und Markasit sind häufig, und auch tektonische Beanspruchungen sind in nicht übersehbarem Grade an der Ausbildung des Strukturtyps beteiligt. Die tektonische Beanspruchung des Bleiglanzes ist in allen Vorkommen mehrmals, aber immer spontan und kurzfristig erfolgt und bewirkte wohl Klüftung, Translation und Gleitzwillingsbildung, reichte aber nicht aus, eine umfassende Auswalzung und Rekristallisation auszulösen. Das Auftreten von Bleischweif und PbS-Harnischen ist in den Vorkommen von Stein V und Christian Levin selten und nur da zu beobachten, wo das Ganggestein aus hochmobilen Ton- und Alaunschiefern besteht.

Kristalle des Bleiglanzes zeigen in den Vorkommen in Tracht und Habitus im allgemeinen große Monotonie. Flächenreicher entwickelt sind kleine Individuen. Hier treten neben (100) und (111) selten (110) und sehr selten an natürlich geätzten Stücken auch einige Ikositetraeder und Trisoktaeder auf. An größeren Kristallen fehlen Rhombendodekaeder, Ikositetraeder und Trisoktaeder ganz, und selbst (111) ist nicht mehr immer, und überhaupt nur relativ klein und undeutlich vorhanden. Häufig sind an solchen Stücken Vizinalen. Die Unebenheit der Würfelflächen wird durch subparallel gestellte Hexaeder- und Oktaederflächen von Subindividuen gesteigert. Als Extrem solcher hypoparalleler Verwachsungen treten kugelförmige Aggregate im Südteil des Nordmittels im William-Köhler-Gang auf, ganz der Art, wie sie von SADEBECK (1874) vom alten Bleiberg (Grube Selbeck) im Oberbergischen beschrieben sind.

In den südlichen Teilen des Leviner Erzkörpers merkwürdig häufig sind ± flach rhomboedrische Formen als Produkte der Verkürzung einer dreizähligen Achse an hexaedrischen Kristallen. Der Zwillingstyp der Gonderbacher Platten, der ja ebenfalls mit Verkürzung einer dreizähligen Achse verknüpft ist, wenn (111) formbestimmend, (100) untergeordnet entwickelt ist, ist auch auf Auguste Viktoria häufig, und es zeigt sich auch hier die gleiche unvollständige Raumerfüllung, wie sie von SADEBECK von Gonderbacher Stücken beschrieben ist. Komplexe Viellingsbildungen aus solchen Platten, die außerdem nach einer zweizähligen Achse säulig gestreckt sind, wurden in Drusenräumen in derbem Eisenkies von Auguste Viktoria gefunden. Mindestens 4 Platten treten zyklisch zusammen und bilden unebene dicke Röhren. Zwillingsebene ist wahrscheinlich auch dabei (11$\bar{1}$). Hierher gehört zum Teil auch ein bereits vor Jahren gemachter Fund merkwürdig pinselartig angeordneter dünner PbS-Nädelchen von max. 5 cm Länge. Auf den Oberflächen der subrezenten Bildungen sind jüngste FeS_2- und PbS-Kristalle aufgewachsen, geben manchen Nadeln ein rauhes Äußeres und führen eine Rundung ihres Querschnittes herbei. Da der Querschnitt meist zentral einen feinen Hohlraum zeigt, wurden die Bildungen in ihrer Gesamtheit zunächst fälschlich als Umhüllungspseudomorphosen nach Bleisulfosalzen gedeutet. Tatsächlich ist ein Teil der hohlen PbS-Nadeln auf Pseudomorphosenbildung zurückzuführen, nur ist das Ausgangsmineral Millerit (er läßt sich in Relikten nachweisen) und nicht, wie behauptet, ein Bleisulfosalz. Andere hohle Nadeln aber sind aus zyklischen Vierlingen (wahrscheinlich nach (111)) aufgebaut, die kettenartig (vielleicht wieder nach (111)) aneinandertreten. Der Einzelbaustein des zyklischen Vierlings ist selbst ein Zwilling, entweder von der Art der Gonderbacher Platten, oder es treten Aneinanderwachsungszwillinge nach (111) von Oktaedern mit einer verkürzten dreizähligen Achse zyklisch zusammen. Wieder andere PbS-Nadeln sind nicht hohl. Hier sind tetragonal gestaltete kurze PbS-Nädelchen mit ihren Nadelachsen kettenförmig aneinandergewachsen.

Pseudotetragonale nadlig gestreckte Kristalle, wie sie von der Gonderbacher Lagerstätte und aus Vorkommen in Wisconsin und Illinois bekannt geworden sind, sind auf Auguste Viktoria allgemein nicht selten, kommen hier im Extremfall sogar haarförmig vor, sind aber im Gegensatz zu den Gonderbacher Kristallen flächenarm lediglich mit (100) und (111) ausgebildet.

Die im Vorkommen von Auguste Viktoria zu beobachtende Bindung extrem nadliger Kristalle und zyklischer Viellingsgruppen an die Nachbarschaft von Millerit bedarf noch weiterer Beobachtung.

Der Bleiglanz bildet in vielen Gängen des Gesamtgebietes das Haupterz und war seiner sehr geringen Ag-Gehalte wegen für bestimmte technische Zwecke in älteren Zeiten hochgeschätzt. Dem Typ der silberarmen „Glasurbleierze" des Oberbergischen Landes entsprechen die Bleiglanze von Christian Levin mit Ag-Gehalten von 16 g pro t. 8—10 g pro t sind für die meisten Velberter Gänge typisch, silberreichere sind in diesem Gebiet selten; zu nennen wäre die Grube Wilhelm II mit 25 g pro t. Im Ruhrgebiet fallen bei der Verhüttung der Erze von Auguste Viktoria größere Ag-Mengen, etwa 50—80 g pro t an. Die Bindungsart des Silbers im Erz ist noch unbekannt.

Interesse verdient die altersmäßige Stellung des Bleiglanzes, weil sie — das trifft aber nur für den Hauptteil zu — in den verschiedenen Gebietsteilen keiner wesentlichen Änderung unterworfen ist. Die Abscheidung der Hauptmenge des PbS schließt sich an frühe Bildungen, charakterisiert durch Kupferkies und die von Süden nach Norden stark abnehmenden Mengen älterer Blende und älteren Bleiglanzes, an. Dies ist in den Velberter Vorkommen der Fall, deren Erze in ihrer Abscheidungsfolge schon 1906 von BOEKER genau untersucht sind. Seine Ergebnisse stimmen in allen wesentlichen Zügen mit meinen eigenen Beobachtungen an Haldenmaterial der aufgelassenen Gruben überein und entsprechen — wenn auch mit veränderten Mengenverhältnissen — der auf Levin zu beobachtenden Abfolge. Im Leviner Erzgang treten im Verhältnis zum Südgebiet zwar die älteren Frühabscheidungen in ihrer Bedeutung schon weit hinter die Bleiglanze der Hauptabscheidung zurück, die Altersstellung der Bildungen zueinander ist aber die gleiche wie im Südgebiet. Gleichzustellende Bleiglanze sind auch auf Auguste Viktoria vertreten und knüpfen sich auch hier örtlich und zeitlich an das Auftreten früher Ausscheidungen von Kupferkies, der hier alleiniger Vertreter der älteren Mineralgruppe zu sein scheint. Ich konnte jedenfalls ihm gleich alte oder gar ältere Blenden und Bleiglanze im William-Köhler-Gang nicht beobachten.

Äußerlich oft typisch für die Bleiglanze jener Bildungsperiode sind große, oft sehr große Einzelkristalle. In den grobspätigen derben Bleiglanzen des William-Köhler-Ganges (z. B. I. Sohle) sind einheitliche Spaltstücke von 15—20 cm Kantenlänge gefunden. Hier haben sich alte natürliche Beanspruchungen an den Ebenen der Spaltbarkeit des Bleiglanzes ausgewirkt. Auf Spaltklüften ist Quarz abgeschieden worden, der das sonst tektonisch so mobile Bleisulfid nach der Art eines inneren Stützskelettes konsolidierte und die alten Strukturen bis in die Gegenwart vor Deformation und Rekristallisation schützte. Auf Levin sind ungestörte Kristalle mit Kantenlängen von 10 und 15 cm keine Seltenheit. Sie sollen in gleichen Größen auch in den Velberter Gängen vorgekommen sein. Das Auftreten so großer tektonisch fast unbeanspruchter Kristalle weist auf einen sehr allmählich und sehr lange währenden ungestörten Bildungsvorgang hin. Er fand in allen Vorkommen mit dem ersten jungen Bewegungsvorgang an den Verwerfern seinen Abschluß.

Die Posthumbewegung war kurz, aber kräftig, und meist mit einer erneuten Zerrung und einer Spaltenerweiterung verbunden. Schon bald danach — noch bevor die entstandenen Hohlräume in hochmobilen Tongesteinen durch den Gebirgsdruck geschlossen werden konnten — werden in allen Vorkommen große Mengen junger Sulfide, ausgezeichnet durch ein mengenmäßiges Überwiegen von FeS_2, gebildet. Der Anteil, den Bleiglanz und Blende an diesen jungen Erzen nehmen, nimmt vom Norden zum Süden des Gebietes hin ab. Die Erscheinung gliedert sich derart in den Gesamtvorgang ein, daß mit dem Abklingen der zeitlich frühen Bildungen (Kupferkies, Blende, Bleiglanz) nach Norden hin eine Zunahme der Bedeutung der zeitlich spät auftretenden Bleiglanze und Blenden parallel geht. Beide Bildungen werden getrennt durch die Bleiglanze der Hauptbildungszeit.

Nach Abschluß des späten Vererzungsvorganges, dessen geringe Zeitdauer sich in feinkörnigen Erzgefügen äußert, ist wohl auch die eigentliche Lagerstättenbildung im Gesamtgebiet beendet. Die Solwässer bewirkten aber auf den Gangspalten innerhalb der Einzellagerstätten auch weiterhin Umlagerungen, als die z. B. die Bleiglanze in den jungen Schwerspäten auf Christian Levin oder in den Schalenblenden von Auguste Viktoria wie auch alle subrezenten Bildungen angesehen werden müssen. In Übereinstimmung mit den Blenden ist wesentlich, daß die ältesten wie die allerjüngsten Bleiglanze, abgesehen von ihrer unterschiedlichen räumlichen Lage im Erzkörper, nur nach Merkmalen zu unterscheiden sind, die aus einer offenbar verschieden langen Bildungszeit resultieren, und daß unter ihnen in allen Eigentümlichkeiten mineralogischer, physikalischer und chemischer Art völlige Übereinstimmung besteht.

Pyrit und Markasit FeS_2. Die in Flözen, bituminösen Schiefern, Alaunschiefern und auch sonst in den Gesteinen häufigen Eisenkiese werden, weil sie in der Verwerfungsbrekzie mit großer Oberfläche aufgeschlossen sind, an der Einleitung von Umbildungsvorgängen nicht unwesentlich beteiligt sein, die sich, wie gezeigt wurde, aus Oxydationen (Bildung von wasserlöslichen Schwermetallsalzen) und Reduktionen (Neubildung von Sulfiden durch Fällung) zusammensetzen.

Vermag schon H_2S infolge der variablen H-Ionenkonzentrationen der Solwässer örtlich auch Fe-Salze zum Sulfid zu reduzieren, so sind es doch wohl vor allem die Alkalisulfide Na_2S und vielleicht auch NaHS, die hier in bedeutendem Umfange den Vorgang fördern. Diese letzten Endes durch die Alkaligehalte der Wässer gegebene Möglichkeit einer angenähert quantitativen Reduktion der Fe-Salze zum Sulfid erlaubt überhaupt erst die kontinuierliche Wiederholung der Oxydation der Sulfide, indem in der Reduktionsphase des Ringvorganges neugebildetes FeS_2 fortwährend für eine Ansäuerung des Grundwassers mit H_2SO_4 sorgt und, räumlich und zeitlich nebeneinander, abwechselnd Oxydationen von Sulfiden und Reduktionen zu Sulfiden aus in Lösung gegangenen Schwermetallsalzen einleitet. Die aktive Anteilnahme an den Vorgängen bedingt, daß der Eisenkies zunächst nicht in größeren Mengen abgeschieden werden kann, daß vielmehr gewissermaßen ein allmähliches Hindurchwandern des FeS_2 in Form von Fe-Oxyverbindungen und Na_2S durch den zeitlichen Ablauf der Erzabscheidung eintritt, was in den Vorkommen seinen typischen Ausdruck im Auftreten der Hauptkiesmenge in sehr jugendlicher Altersstellung findet. Fehlen auch in frühen und frühesten Bildungen kleine Mengen von FeS_2 reliktartig nie, so ist der Hauptteil doch überall spät gebildet, steht zeitlich und räumlich in allen Vorkommen in Zusammenhang mit einem jungen Bewegungsvorgang an den vererzten Gangspalten und folgt direkt auf die in den nördlichen Vorkommen (Oberkarbon) zunächst einsetzende späte Abscheidung von Blende und Bleiglanz.

Sehr auffällig, aber leicht verständlich ist das Erscheinen des Markasits — der in den Solen weniger beständig ist als der Pyrit — in subrezenten Bildungen. Hier vertritt er fast allein das FeS_2. Pyrit tritt reichlicher neben Markasit schon in der relativ späten Hauptabscheidung des Eisenkieses auf und in den noch älteren Kiesrelikten ist stets nur Pyrit zu finden.

Im unmittelbaren Anschluß an die erste Posthumbewegung in seiner Hauptmasse gebildet, nimmt der Eisenkies auf Auguste Viktoria entscheidenden Anteil am Aufbau der Erze, bildet im zugänglichen Nordmittel zusammenhängende mächtige linsenartige FeS_2-Körper und soll gleicherweise im Südmittel sehr häufig sein. Weil im Leviner Vorkommen die Spaltenbelebung meist ziemlich scharf im Gangliegenden erfolgte, sind auch die jungen Verkiesungen der Gangbrekzie in diesen Teilen des Vorkommens besonders bedeutend und nehmen zu den hangenden Störungsteilen hin meist deutlich ab. An einigen Stellen ist die junge Bewegung aber nicht absolut genau an der alt vorgezeichneten Störungslinie eingetreten, sondern hat sich bald ins Hangende, meist aber tiefer ins Liegende erstreckt und zur Ausbildung von Parallel- und Bogentrümern geführt, die ausschließlich von den Abscheidungen aus der späten Entwicklungsphase, hier also ganz überwiegend von FeS_2, erfüllt sind. Die Eisenkiese in den Gängen im Unterkarbon und Devon des Südgebietes nehmen — in völliger Übereinstimmung mit Boekers Beobachtungen — die gleiche Altersstellung ein und sind hier ebenfalls mit großem Übergewicht gegen gleichalte Blenden und Bleiglanze vertreten.

Der Verkiesungsvorgang wird vermutlich unmittelbar nach der Spaltenbelebung und dann recht schnell eingetreten sein. Dafür spricht jedenfalls das feinkörnige Gefüge der derben Kiese, sprechen die an Polierschliffen zu beobachtenden Feinstrukturen (Kataklasstrukturen), und es spricht dafür auch, daß da, wo rein tonige, hochmobile Serien die hangende und liegende Gangbegrenzung bilden, größere Mengen von Eisenkies auftreten, während die im Rahmen langer Zeiträume sehr allmählich abgeschiedenen etwas älteren Bleiglanze fast oder ganz fehlen, weil die Spalten durch den Gebirgsdruck hier nach jeder Bewegung schnell und vollständig geschlossen werden konnten.

Das plötzliche Erscheinen des Eisenkieses in bedeutenden Mengen im Anschluß an die älteste Posthumbewegung an den Spalten ist meines Erachtens ein Hinweis dafür, daß dem tektonischen Ereignis — das das Gesamtgebiet übrigens in allen Teilen gleich kräftig betraf — eine Veränderung der Tiefengrundwasserverhältnisse und eine Unterbrechung der Oxydationsvorgänge folgte. Sie haben sich von da an nur noch untergeordnet, in sehr junger Zeit wieder etwas an Bedeutung gewinnend, bis in die Gegenwart fortgesetzt. Wie noch gezeigt werden wird, vermag eine einfache Verdünnung der konz. NaCl-Lösungen durch verstärkten Zufluß schwachsalziger Wässer von oben her alle Eigentümlichkeiten der Mineralabscheidung nach der jungen Posthumbewegung zu erklären. Deshalb ist es notwendig, auf die große Wahrscheinlichkeit eines Zusammenhanges der späten Vererzung mit der Transgression des Kreidemeeres insbesondere des Cenomans hinzuweisen und in dem Posthumbewegungsvorgang selbst eine Auswirkung der jungkimmerischen saxonischen Orogenese zu vermuten. Eine Prüfung der Berechtigung der ausgesprochenen Annahme eines Zusammenhanges zwischen Erzabscheidung und Transgression wird an anderer Stelle noch ausführlich erfolgen.

Wo Pyrit in den Vorkommen kristallisiert auftritt, zeigen sich wie bei Blende und Bleiglanz als Auswirkung des Auftretens von Strukturmosaiken die typischen Subparallelverwachsungen von Subindividuen. So gestaltete Kristalle sind z. B. in Drusenräumen im Eisenkies von Auguste Viktoria beheimatet und entsprechen den Kristallen, die auf Levin dem in Fe-Sulfate übergeführten Markasit der liegenden Gangteile entstammen. Sie liegen dort unzersetzt in groben faust- bis kopfgroßen Knollen in den lockeren Zersetzungsprodukten des Markasits. Auch an geologisch wahrscheinlich älteren Kristallen im Ankerit vom Vondernsprung (VII. Sohle Levin, Finefrau Nord) ist gewöhnlich ein entsprechender Aufbau zu beobachten.

Die in den Klüften auftretenden Kristalle werden in allen Gebietsteilen fast ganz ausschließlich von den Hexaederflächen gestaltet, und nur selten und klein tritt (111) auf. Dies trifft für die ältesten in den Velberter Vorkommen basal in Kupferkies eingeschlossenen Kristalle und für jüngste subrezente Bildungen zu, und lediglich die in Flözen (z. B. Sonnenschein VII. Sohle Levin) manchmal zu beobachtenden offenbar sedimentären Pyrite zeigen neben (100) auch (210) und sind unverzerrt und ebenflächig.

Der Markasit, der überwiegend sehr jung, oft subrezent gebildet ist, sitzt in wechselnd großen Kristallgruppen oder in radialstrahligen Krusten den älteren Pb-Zn-Sulfiden auf, ist in den jüngsten Wachstumszonen der Bleiglanze gelegentlich zu beobachten, kommt als verbreitetes Mineral in Schalenblenden vor und ist in schönen rhythmischen Wiederholungen als Zonenmineral wasserklaren Schwerspatkristallen von Levin eingelagert. An Kristallen des Minerals in offenen Klüften und in Drusenräumen war nur die sehr gewöhnliche Kombination aus *m* (110) und *r* (013) zu beobachten. Sehr viel häufiger als Einzelkristalle sind Kristallgruppen hahnenkammähnlicher Form, zu deuten als Subparallelverwachsungen von Kristallen der genannten Art.

Millerit NiS soll nach SCHROEDER (1938) im Ruhrgebiet häufig sein und wird in KUKUKS „Geologie“ von einem Vorkommen im Gebiet der Zeche Hannover in zwei Generationen beschrieben. Im Leviner Erzgang ist mir das Mineral nicht begegnet, doch hat RAMDOHR (1947) es bei einer neuen Befahrung dort im Niveau der V. Sohle entdeckt. Von Auguste Viktoria ist mir Millerit aus den Kernen mancher Umhüllungspseudomorphosen von PbS nach NiS reliktartig bekannt geworden.

Der Vollständigkeit halber seien einige weitere Verbindungen genannt, die als große Seltenheiten im Ruhrgebiet und seiner südlichen Umgebung auftreten sollen, deren Vorkommen zum Teil aber mindestens zweifelhaft ist.

Linneit $(Co,Ni,Fe)_3S_4$ wird von SCHROEDER als Seltenheit aus dem Gebiet der Zechen Dahlbusch und Präsident genannt und

Rotnickelkies NiAs soll nach BOEKER (1906) vor langer Zeit auf Selbeck einmal gefunden sein.

Bleisulfosalze. Die beim Bleiglanz bereits ausführlich besprochenen langnadeligen pinselartig angeordneten PbS-Kristalle, die in ihrer äußeren Form sehr an Aggregate von Millerit erinnern, hat man, obgleich keine Hinweise auf eine Berechtigung dafür bestehen, als Pseudomorphosen von PbS nach Bleisulfosalzen gedeutet. Wenn man auch rein äußerlich an Umhüllungspseudomorphosen erinnert wird, weil die Nadeln zum Teil röhrenförmig hohle Gebilde sind, so darf man doch kaum Bleisulfosalze zur Deutung heranziehen, weil sie sich weder in Relikten in den Hohlräumen nachweisen lassen, noch bisher aus irgendeinem der Erzgänge bekannt geworden sind. Tatsächlich liegen, wenn auch nur zum Teil, Pseudomorphosen nach Millerit vor, zum Teil aber handelt es sich um schwer deutbare Viellingsbildungen durch zyklisches Zusammentreten von 3—4 Zwillingen (siehe Bleiglanz).

Fahlerz. Zur Klärung der Frage, welche Minerale Silberträger in den Bleierzen der Vorkommen sind, ist ein nicht kleines Material ziemlich systematisch erzmikroskopisch untersucht worden. Fahlerze haben sich weder in den Randzonen der Kupferkiese, noch sonst irgendwo finden lassen.

b. Neubildung infolge elektrolytischer Reduktion

Durch die verschiedene Stellung der in Reaktion stehenden Ionen innerhalb der natürlichen Spannungsreihe der Elemente werden in den angesäuerten NaCl-Lösungen elektrolytische Vorgänge wirksam, die zwar unwesentlich zu sein scheinen, in ihrem wahren Ausmaß aber nicht zu übersehen sind. Sie deuten sich an in dem Vorkommen von ged.

Kupfer Cu, das auf Kupferkies im Leviner Erzgang nicht selten ist. Es sitzt in dünnen Häutchen vorwiegend der Fläche (101), seltener (201) und (001) auf und gibt durch diese Bindung einen Hinweis auf die elektrolytische Natur des Bildungsvorganges.

5. Versuch einer zeitlichen Parallelisierung der wichtigsten Erze und Gangarten

Eine Beobachtung der subrezent gebildeten Sulfide in ihrer Gesamtheit zeigt mit jedem Wechsel des Ortes der Beobachtung innerhalb irgendeines Einzelvorkommens auch einen steten Wechsel in der Abfolge der allerjüngsten Neubildungen von Blende, Bleiglanz und Eisenkies und einen steten Wechsel der Mengen der einzelnen Minerale. Wie das in ganz kleinem Maßstabe schon an Handstücken oft deutlich wird, zeigt es sich im Großen. Aus den offenbar zu allen Zeiten gleichen Metallionengehalten der Erzlösungen resultierten Abscheidungen von Erzen und Gangarten in örtlich oft ungleicher Folge, jeweils den äußeren örtlich verschiedenen Bedingungen angepaßt. Darin liegt die große Schwierigkeit einer zeitlichen Parallelisierung einzelner Mineralgenerationen mit räumlich anders gelegenen. Erst wenn man aus der Wirrnis der lokalen Erscheinungen die ortsunabhängigen Wesenszüge der Abfolge isoliert und aneinanderreiht, erhält man ein Bild, das den Gesamtvorgang der Vererzung zu überblicken erlaubt und das außerdem die Richtung anzugeben vermag, von welcher aus die Einwanderung der Sulfide in die Spaltenräume vor sich ging.

Marksteine für die Parallelisierung müssen tektonische Ereignisse sein; denn sie tragen nun einmal den Stempel allgemeiner Gültigkeit für das Gesamtgebiet. Außerdem dürfen nicht einzelne Minerale mit anderen parallelisiert werden, sondern es müssen mehr oder minder umfangreiche Mineralgesellschaften, die jeweils durch das Hervortreten einer wesentlichen Komponente charakterisiert sind, zusammengefaßt werden. Nur so kann es gelingen, über unwesentliche Lokalerscheinungen hinweg, die wichtigen Veränderungen im Ionenbestand der Erzlösungen zu erkennen.

Die tektonischen Hauptereignisse sind:

1. Der zeitlich frühe, aber noch nicht sicher festzulegende Vorgang der Anlage der Störungen. (Anzunehmen ist vielleicht die Wende von Unter- zu Oberrotliegend).
2. Die erste Posthumbewegung an den Verwerfern, die die ältere Vererzung tektonisch mitbeansprucht und die, wie noch gezeigt werden soll, der Transgression des Cenomanmeeres unmittelbar voraufgegangen sein muß.

In diesem Intervall (1-2) ist die Einwanderung der Sulfide in die Spaltenräume in allen Vorkommen erfolgt. Alle jüngeren Mineralabscheidungen — mit Ausnahme mancher Schwerspäte — resultieren aus Umbildungsvorgängen.

Es gibt nur wenige Minerale oder Mineralsukzessionen, die sich eindeutig in allen Gebietsteilen parallelisieren lassen. Es sind dies mit abnehmendem Bildungsalter:

1. Die ältesten Quarze. Die Mengen wechseln in Abhängigkeit vom Charakter der Hangend- und Liegendgesteine, worin ein Hinweis auf die lateralsekretionäre Entstehung zu sehen ist.
2. Die älteren Kupferkiese. Sie leiten die Hauptabscheidung des Bleiglanzes im Gesamtgebiet ein.
3. Die Hauptmenge des Bleiglanzes selbst, deren Abscheidung sich in allen Vorkommen an das Auftreten des älteren Kupferkieses anschließt. Als Ausdruck des langen Zeitraumes seiner Bildung ist sie häufig durch das Auftreten von Riesenkristallen charakterisiert.
4. Ist der Eisenkies als jüngstes Mineralsulfid des eigentlichen Abscheidungsvorganges zu nennen. Er folgt unmittelbar auf die erste Posthumbelebung an den Verwerfern.
5. Leicht zu parallelisieren sind subrezente Bildungen.

Zwischen diesen in allen Gebietsteilen wiedererkennbaren Bildungen liegen solche, die entweder nur im Südgebiet (Gänge von Velbert und Mintard) oder nur im Norden innerhalb einzelner Vorkommen zu finden sind. So sind zu beobachten:

1. Zwischen ältestem Quarz (1) und älterem Kupferkies des Südgebietes große Mengen von Ankerit, von Blende und Bleiglanz, die ich als Frühabscheidung bezeichnen möchte und deren Bedeutung allmählich von Süden nach Norden abnimmt. Sie sind schon im Felde Levin nur noch spärlich vorhanden und fehlen auf Auguste Viktoria fast ganz.

2. Während in weiten Gebietsteilen (von Velbert bis Levin) sich an die Bleiglanzabscheidungen (3) der erste Posthumbewegungsvorgang direkt anschließt und den Abscheidungsvorgang unterbricht, hat sich im Felde Auguste Viktoria eine Bildung junger Blende unmittelbar und ohne Störung an die Hauptbleierzbildung anschließen können, und erst im Anschluß an diese Abscheidung führt der gleiche tektonische Vorgang wie im Südgebiet die Posthumbewegung auch hier herbei.

3. Während unmittelbar danach im Südgebiet fast nur Eisenkies (4) in den jungen Klufträumen gebildet wird, werden auf Levin noch relativ kleine, auf Auguste Viktoria sehr große Mengen feinkörniger Mischerze von Bleiglanz und Zinkblende abgeschieden, und erst danach wird auch hier Eisenkies in großem Umfange ausgefällt.

4. Zwischen Eisenkies und subrezenten Bildungen von Sulfiden, Oxyverbindungen und Chloriden der Schwermetalle steht im Ruhrgebiet die Schwerspateinwanderung, die auch im südlichen Gebietsteil relativ weit verbreitet ist, dort aber in ihrer Stellung zu den Erzmineralien noch nicht festgelegt werden konnte.

Die graphische Skizze gibt die Grundzüge der Abscheidungsfolge nochmals wieder. Abermals sei festgestellt, daß den zahlreichen örtlichen, meist aber geringen Abweichungen von diesem Schema der Übersichtlichkeit wegen keine Bedeutung beigemessen wurde. Dafür ist größerer Wert auf die ungefähre mengenmäßige Beteiligung zeitlich zusammenhängender Mineralbildungen am Aufbau der Erze der Einzelvorkommen gelegt. Bezeichnet wurden die Mineralgruppen mit dem Namen der Hauptkomponente. Die Vorkommen selbst sind ihrer geographischen Lage nach von Süden nach Norden nebeneinandergestellt und verglichen, obwohl von vornherein klar war, daß bei der geringen Zahl der gut bekannten Vorkommen im Ruhrgebiet dadurch unter Umständen ein etwas verzerrtes Bild entstehen kann.

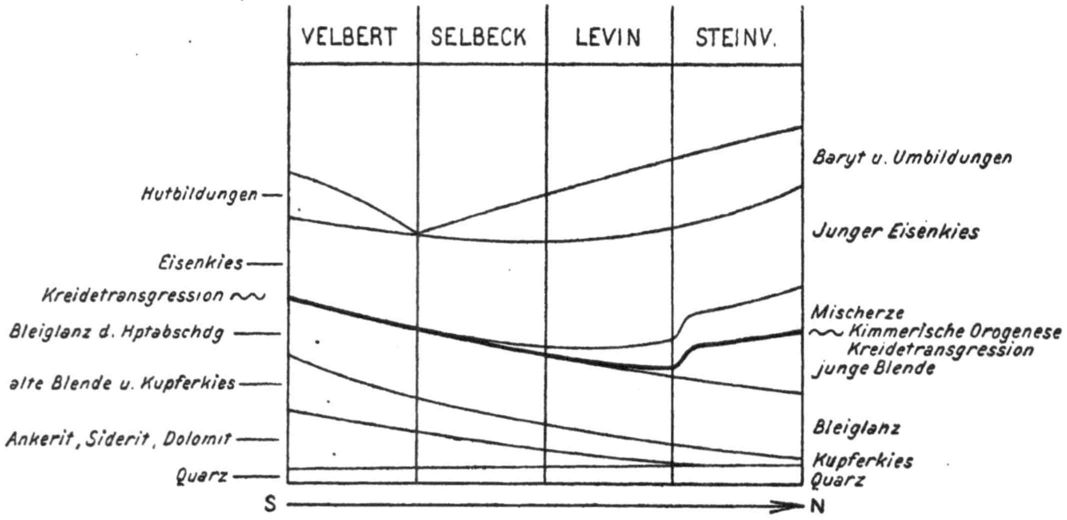

Die Auswertung des graphischen Schemas in einer Reihe für die Genese wichtiger Fragen wird im Anschluß an die folgende kurze Beschreibung einiger Einzellagerstätten erfolgen.

Besonders verdienen die Vorkommen von Christian Levin und Stein V eine kurze Beschreibung, weil sie eine Fülle schöner Mineralfundstellen in sich bergen, aber auch deshalb, weil man in den zahlreichen Aufschlüssen ausgezeichnet die Auswirkungen einzelner tektonischer Ereignisse studieren und aus der räumlichen Verbreitung unterschiedlicher Mineralgesellschaften ein Stück des Lagerstättenschicksals schon an Ort und Stelle ablesen kann. Diese Einzelschicksale aber können in ihren Wesenszügen pars pro toto gelten und tragen dadurch ihren Teil zur Klärung der Grundfragen bei.

C. BESCHREIBUNG DER WICHTIGSTEN EINZELLAGERSTÄTTEN DES RUHRGEBIETES

I. DER ERZGANG VON CHRISTIAN LEVIN IM FELDE KÖNIG WILHELM III UND IV IN ESSEN UND EINIGE ENG BENACHBARTE VORKOMMEN

1. Örtliche Gegebenheiten

a. Geographische Lage und geologischer Aufbau

Das Feld König Wilhelm III und IV in Essen erstreckt sich zwischen den Ortsteilen Borbeck und Dellwig und nimmt eine Fläche von etwa 10—12 km^2 ein. Geologisch ist es zwischen der Nordflanke des Gelsenkirchener Sattels und der Emscher Mulde in einem Gebiete gelegen, in dem die Schichten der oberen Magerkohle und die Ess- und Fettkohlengruppe mehrere Spezialaufsattelungen erfahren haben. Es lassen sich im Zechengebiete von Norden nach Süden folgende tektonischen Hauptelemente unterscheiden:

Emscher Mulde
Leviner Spezialsattel
Neukölner Mulde
Caroluser Spezialsattel
Sellerbecker Spezialmulde
Gelsenkirchener Sattel.

Eine Überschiebung streicht in südwest-nordöstlicher Richtung zwischen Caroluser Sattel und Leviner Sattel hindurch und fällt mit 60° nach Südosten ein. Sie teilt das Gesamtgebiet in einen nördlichen und einen südlichen Teil, von denen das nördliche von der Schachtanlage Christian Levin aus im Abbau stehende Gebiet etwa dem Raum entspricht, den der Leviner Spezialsattel einnimmt. In ihm sind die Schichten zwischen den Flözen Sarnsbank und Karl bekanntgeworden. Sie fallen an beiden Flanken der Antiklinale mit etwa 45° nach Nordosten und Südwesten ein und sinken im Streichen der Sattelachse flach mit rund 30° nach Nordosten ab. Den Faltenbau stören zwei Querverwerfer. An ihnen ist ein schmaler, durchschnittlich etwa 1 km breiter Sattelteil als Graben abgesunken. Die östliche Randverwerfung des Grabens zeigt sich in den Aufschlüssen als ca. 600 m breite Querzerrungszone und ist mit dem Prospersprung identisch. Sie streicht durch den Leviner Sattel mit 320° und läuft nach Süden noch vor der Überschiebung mit flachem Bogen (310°) aus. Nach Norden macht sie nahe der Markscheide zum Feld Prosper ebenfalls einen flachen Bogen nach Westen in die Emscher Mulde und streicht hier — i. e. S. als Prospersprung — mit 310° durch den Südwestteil des Feldes Prosper bis in das Feld der Zeche Jacobi Oberhausen hinein. Hier splittert sie auf oder mündet anscheinend in die westliche Randverwerfung des Grabens, den Vondernsprung, ein. Das Generalfallen des Prospersprunges ist nach Westen gerichtet und wechselt zwischen 60 und 85°.

Die räumliche Erstreckung des Vondernsprunges ist sehr viel größer. Er läßt sich nach Norden durch die Emscher Mulde und den angrenzenden Auguste-Viktoria-Sattel markscheiderisch verfolgen. Die Störung streicht im Süden generell zum Prospersprung parallel, ist in den Bauen der Zechen GHH-Oberhausen, Prosper Bottrop, König Wilhelm III und IV, Essen, Carolus Magnus und Sälzer Amalie bekannt und scheint hier im Gelsenkirchener Sattel auszuklingen. Die Querzerrungszone des Vondernsprunges ist im Leviner Gebiet ca. 500 m breit. Ihr Einfallen ist dem des Prospersprunges entgegengesetzt nach Osten gerichtet, wobei der Fallwinkel in den oberen Teufen zwischen 35 und 40°, bei Teufen von 700—800 m zwischen 55 und 60° schwanken kann.

b. Die Aufschlüsse

Seit der Verleihung der Schürfrechte für das Feld König Wilhelm im Jahre 1866 hat von den Schächten Neukölln und Neuwesel ein längst wieder eingestellter Bergbau auf Kohle eingesetzt. Er wird heute von den etwa gleichalten Schachtanlagen Christian Levin und Wolfsbank aus weiter betrieben und hat im Nordflankengebiet des Leviner Sattels schon früh zum Aufschluß der beiden durch Mineralführung ausgezeichneten Randstörungen des Grabens geführt. Es bestehen seit 1888 Mutungen für zwei PbS-Fundpunkte, von denen einer auf der Störungszone des Prospersprunges, der andere am Vondernsprung im Niveau der IV. Sohle (—260,9 m) liegt. Die Durchörterungsstelle des Prospersprunges ist noch heute zu befahren. Später wurden im Niveau der V. Sohle (—391,3 m) die gleichen Sprünge angefahren. Anfang 1937 ist im Niveau der VI. Sohle (—521,5 m) vom Hauptquerschlag nach Norden etwa 500 m nördlich der Schächte eine Richtstrecke im Flöz Fettlappen nach Osten aufgefahren worden, die den Prospersprung vom Hangenden aus abermals durchörterte. Das Auftreten von sehr reinem, drusigem Bleiglanz in relativ großer Gangmächtigkeit ließ einen Abbau unter Umständen als lohnend erscheinen. Es wurde noch im gleichen Jahre mit der Ausrichtung eines Gangortes nach Süden begonnen. Ende 1939 sind die Arbeiten etwa in der Höhe des obersten Girondelleflözes im Störungshangenden, d. i. ca. 200 m südlich der Schächte, eingestellt worden, da man nach einem Gutachten Bodes mit einer Vererzung der Kernschichten des Sattels nicht rechnete und der Gang vor Ort fast völlig vertaubt war. Zu diesen Arbeiten parallel wurde seit März 1938 von der oben erwähnten Richtstrecke aus auch das Auffahren eines Gangortes nach Norden begonnen und bis zum Ende des gleichen Jahres bis an die Markscheide vorgetrieben. Außerdem sind bis Ende 1941 eine ganze Reihe von Versuchsquerschlägen angebracht worden. Unmittelbar an der Einmündungsstelle der Richtstrecke in Flöz Fettlappen in den Hauptquerschlag nach Norden ist im Hangenden der Störung ein Gesenk bis auf —612 m abgeteuft. Von ihm aus ist der Erzgang im Niveau von —553 m, —582 m und —612 m erneut angefahren. Es ist im Jahre 1940 mit der Ausrichtung eines Gangortes Nr. 2 (—582 m) und 1941 mit dem planmäßigen Abbau des Vorkommens durch Auffahren eines Abbauortes in —573 m begonnen worden. Nachdem auf diese Weise die Bauwürdigkeit des Ganges erwiesen schien, sind zur Klärung der Lagerungsverhältnisse zwei weitere

Gangstrecken in —553 m (Ort 3) und —612 m (Ort 1) und später auch direkt vom Nebenschacht Levin aus ein weiteres Gangort in Girondelle $1^1/_2$ (—630 m) entstanden. Insgesamt dürften zur Zeit allein im Nordflankengebiet des Leviner Sattels im eigentlichen Erzkörper 2000 m Gangaufschlüsse befahrbar vorhanden sein. Außerdem bestehen etwa 15 Durchörterungsstellen der beiden Randstörungen des Grabens im Leviner und Neukölner Gebiet.

2. Rekonstruktion der Lagerstättenbildung an Hand von Einzelbeobachtungen

a. Grabenbildung und frühe Abscheidungen auf beiden Randstörungen

Zur Frage der Grabenbildung war schon aus der größeren Längserstreckung und den höheren Verwurfswerten (außerhalb des Feldes Levin, z. B. im Feld Oberhausen) anzunehmen, daß der Vondernsprung als der zuerst angelegte zu gelten habe.

Diese Annahme bestätigen die mineralparagenetischen Verschiedenheiten an beiden Grabenrändern. Die ältere Paragenese der frühen Abscheidungen (Quarz, Ankerit, Kupferkies, Bleiglanz, Blende und Pyrit im Verhältnis Gangartkarbonate: Sulfide = 1:1) ist typisch für die Aufschlüsse im Vondernsprung. Der von BOEKER (1906) beschriebene gemutete Fundpunkt auf der IV. Leviner Sohle ist heute nicht mehr zugänglich, doch bestehen Durchörterungsstellen auf der V. und VI. Sohle und einige schwer zugängliche Aufschlüsse im Niveau von —553 m, —582 m und —612 m. Ferner sind zwei sehr schöne Aufschlüsse auf der VII. Leviner Sohle (Finefrau Nord) gelegen. Besonders dort ist das Übergewicht der Ankerite gegen die Sulfide festzustellen.

Die jüngere Paragenese (Bleiglanz der Hauptabscheidung, Eisenkies und Schwerspat) überwiegt in den Aufschlüssen des Prospersprunges bei weitem ältere Bildungen, die hier nur reliktartig (Gangaufschlüsse VI. Sohle) und erst mit steigender Teufe (Gangaufschluß Girondelle $1^1/_2$) mengenmäßig ansteigend vorkommen.

Es entsprechen also den großen Mengen früher Bildungen am Vondernsprung kleine Mengen gleichalter Mineralien am Prospersprung. Umgekehrt überwiegen hier Mineralien der jüngeren Teilparagenese die dort zu findenden Aequivalente außerordentlich stark.

Außerdem geben die Gangmächtigkeiten über den Vorgang der Grabenbildung Auskunft. So zeigt sich am Prospersprung mit steigender Teufe Mächtigkeitsabnahme. Im Gegensatz zur IV. und V. Sohle, wo in den Durchörterungsstellen im Schwerspat Gangmächtigkeiten von 5 bis 6 m wahrzunehmen sind, ist der von der Verwerfungsbrekzie und vom Erz erfüllte Gangraum in den größeren Teufen (VI. Sohle und Gangörter der Teilsohlen) durchschnittlich nur 2 bis 3 m mächtig. Im zur Zeit tiefsten Aufschluß in Girondelle $1^1/_2$ sind noch geringere Durchschnittsmächtigkeiten festzustellen. Außerdem erfüllt hier zerbrochenes Gesteinsmaterial die Störung so dicht, daß zur Abscheidung von Erzen wenig Raum gegeben ist. Der Austritt der zusitzenden Solwässer erfolgt aus wenigen engen Schlotten.

Anders am Vondernsprung. Hier nimmt die Gangmächtigkeit mit steigender Teufe zu. Die Durchörterungsstelle des Vondernsprunges auf der V. Sohle (Wetterstrecke in Flöz Sonnenschein) zeigt eine mehrere 100 m breite Zerrüttungszone, ohne daß an irgendeiner Stelle eine nennenswerte Spaltenbildung erfolgt wäre. Die ehemalige Ausflußstelle der Solwässer ist durch $CaCO_3$-Sinterkrusten gekennzeichnet. Wo Bleiglanz als Seltenheit auftritt, kommt er ausgewalzt und rekristallisiert in papierdünnen Krusten auf Nebengesteinsbruchstücken vor. Wenn auch die Aufschlüsse auf der VI. und VII. Sohle anderer petrographischer Verhältnisse wegen (das Nebengestein ist Sandstein oder Quarzit) nicht sehr geeignet zum Vergleich mit dem Aufschluß auf der V. Sohle (das Nebengestein ist Sandschiefer) sind, ist festzustellen, daß schon auf der VI. Sohle (Hauptquerschlag nach Osten) eine ganze Anzahl mineralisch erfüllter Spaltenräume von geringer Mächtigkeit vorhanden sind. Gangmächtigkeiten von mehreren Metern zeigen die beiden Aufschlüsse im Niveau der VII. Sohle (Wetterstrecke und Wetterüberbrechen in Finefrau Nord).

Aus diesen Verhältnissen möchte ich schließen, daß es im Rahmen eines frühen Zerrungsvorganges primär zur Anlage des Vondernsprunges gekommen ist. Nach seiner Entstehung war den Gesteinen im Hangenden der relativ flach einfallenden Störung die Unterlage entzogen. Sie lasteten mit ihrer ganzen Eigenschwere auf den offenen Spaltenräumen und beanspruchten sich dadurch selbst in der Weise zerrend, daß es zum Aufreißen des steil nach Westen fallenden Prospersprunges und zu einer Kippung des zwischen beiden Störungen liegenden Gesteinskomplexes kam. Die Einwanderung früher Abscheidungen ging mit diesem Vorgang parallel. Beide Randstörungen sind zunächst gleichartig mineralisch erfüllt gewesen, und dann erst haben am östlichen Grabenrand im Prospersprung Umbildungsvorgänge eingesetzt. Sie konnten im Vondernsprung nicht eintreten, weil die Spaltenschließung durch Kippung zugleich eine Pressung bedeutete, die kräftig genug war, die ältere Mineralparagenese jüngeren umgestaltenden Einflüssen des Tiefengrundwassers zu entziehen.

b. Die Lagerstättenbildung am Prospersprung

α) Lösungsvorgänge und Abscheidung der Hauptmenge des Bleiglanzes. Die Übereinstimmung der älteren Teilparagenese auf beiden Randstörungen und ihr mengenmäßiges Überwiegen am Vondernsprung machen wahrscheinlich, daß der größte Teil chemisch gleichartiger Minerallösungen in der Zeit unmittelbar nach der Grabenbildung am Vondernsprung zirkulierte. Nach der Schließung der westlichen Randstörung mußten die Hauptmengen der Lösungen ihren Weg über den östlichen Grabenrand nehmen.

Im Niveau des Gangortes 2 (—582 m) ist im Flöz Sonnenschein eine Strecke bis an den westlichen Grabenrand vorgetrieben. Sie ist ausgeraubt und schwer befahrbar, doch kann man bequem ein steil nach Westen einfallendes Nebentrum des Erzganges erreichen. Der Aufschluß zeigt einen etwa 1 m mächtigen Barytgang, der örtlich reiche Bleierze führt. An Handstücken von diesem Fundpunkt ist die ursprüngliche Abscheidungsfolge (Quarz, Ankerit, Bleiglanz, Schwerspat) in kokardenartigen Umwachsungen der Einzelfragmente der Verwerfungsbrekzie erhalten. An vielen Handstücken aus dem Leviner Hauptgang (Gangort VI. Sohle, Gangort Girondelle 1½) läßt sich durch Ankeritrelikte nachweisen, daß der Abscheidung der Hauptmenge des Bleiglanzes eine Lösung der älteren Gangartkarbonate vorangegangen sein muß. Da die Häufigkeit dieser Relikte nach der Teufe hin augenfällig ansteigt, ist anzunehmen, daß der Lösungsvorgang von oben her allmählich in die Teufe hinabgriff.

Naheliegend kommt eine Änderung des Chemismus der Minerallösungen als Ursache für die Zerstörung der älteren Karbonate der Gangmasse in Frage. Unter den veränderten Bedingungen sind sie nicht mehr beständig und wurden gelöst. Dadurch sind in allen Teilen der Lagerstätte die älteren Quarze — jüngere sind nur örtlich auftretende Seltenheiten — und früh gebildeten Sulfide freigelegt worden. Die in den neuen Hohlräumen der Gangmasse zur Abscheidung kommenden Hauptmengen des Bleiglanzes benutzen die älteren Sulfide häufiger als den Quarz als Unterlage für die Keimbildung. Auf die Häufigkeit der in der Wachstumsbasis der PbS-Kristalle eingeschlossenen Kupferkiese (Gangort VI. Sohle Süd) ist bereits hingewiesen.

β) Verbreitung des Bleiglanzes. Während der frühe Quarz und der Ankerit sich in ihrer räumlichen Verbreitung nicht auf die Flanken der Antiklinale beschränken und sich auch nicht an bestimmte petrographische Horizonte oder, was das gleiche ist, an die Zirkulationswege des Grundwassers, die Trümmerzonen auf den Spalten knüpfen, ist die Abscheidung der Bleiglanze in der Hauptphase ihrer Bildung räumlich fest umgrenzt. Zur Bildung eines druckbeständigen und zugleich kavernösen Trümmergesteinsgefüges geeignete Sandschiefer, auf Levin in ihrer Verbreitung vornehmlich stratigraphisch von den Flözen Sonnenschein und Dickebank begrenzt, bilden am Prospersprung an der Nordflanke des Sattels ausgedehnte Trümmerzonen, die im ungefähren Einfallen der Schichten auf der Störung nach Norden einschieben. Wenn es gerade hier zur Abscheidung bauwürdiger Mengen vom Bleiglanz kommt, so offenbar darum, weil das sedimentäre FeS_2 der Gesteine und früh gebildete Sulfide ($CuFeS_2$, ZnS und PbS), in diesen Teilen der Störung mit großer Oberfläche aufgeschlossen, in Reaktion mit den Minerallösungen treten können, weil durch die Trümmerzonen die Diffusion der ± NaCl-armen Oberflächenwässer zu denken ist und weil hier gleichzeitig die Möglichkeit einer bequemen Zirkulation der Erzlösungen gegeben ist.

Mit dem Abschluß des Bildungsvorganges des Bleiglanzes auf Levin — wie schon festgestellt, muß er sich über einen geologisch beträchtlichen Zeitraum erstreckt haben (dafür spricht weniger die Größe der Einkristalle mit 10—15 cm Kantenlänge als ihr zonarer Bau und die in ihm häufig erkennbaren Wachstumsunterbrechungen) — ist am Prospersprung, im Nordflankengebiet der Antiklinale, sedimentpetrographisch an die auf der Störung einschiebenden Sandschieferbrekzien gebunden, ein etwa bohnenförmiger Bleiglanzkörper entstanden. Seine Mächtigkeit wechselt in den Aufschlüssen stark zwischen max. 15 m, im Durchschnitt 3 bis 5 m mächtigen sehr reichen Partien und örtlichen Vertaubungen. Grund für diese Erscheinung ist die horizontale Lage der Aufschlüsse, die die flach einschiebenden Einzelmittel spitzwinklig schneiden. Das hat dazu geführt, daß man die Vererzung als nesterartig unzusammenhängend bezeichnet hat, und das wiederum hat die Bauwürdigkeit der Lagerstätte zunächst zweifelhaft erscheinen lassen.

Der Erzkörper ist im Norden auch über die Markscheide hinaus im Felde Prosper bekannt, hat hier aber bereits, wie die von Levin aus getätigten Aufschlüsse ins Feld Prosper hinein zeigten (Abbauort Prosperfeld), keine nennenswerte bergwirtschaftliche Bedeutung mehr, vermutlich darum, weil man nach Norden immer mehr in das tektonisch wenig gestörte Gebiet der Emscher Mulde hineingerät.

Man hat von verschiedenen Seiten (z. B. Bode) darauf hingewiesen, daß auch im Südflankengebiet des Leviner Sattels unter gleichen Bedingungen wie an der Nordflanke ein weiteres Erzmittel zu erwarten sei. Es bestehen zur Zeit im Südflankengebiet (Feldesteil Neukölln) zwei Durchörterungsstellen des Prospersprunges im Niveau der VI. Sohle Neukölln (—475 m). Der nördliche Aufschluß liegt in der Wetterstrecke nahe dem Wetterschacht in Sandsteinen der Girondelleflözgruppe. 450 m südlich davon ist die Störung vom Liegenden aus im Flöz Sonnenschein ebenfalls angefahren und durchörtert. Man traf im Hangenden auf Flöz Dickebank 2 (Fettlappen), fand aber kein Erz. Die Verwurfswerte am Prospersprung steigen von Süden aus, wo die Störung hart nördlich der Überschiebung ausläuft, in nördlicher Richtung nicht normal kontinuierlich bis auf ein Maximum an, um dann weiter nach Norden allmählich abzuklingen, sondern es ist vom Südende aus zunächst ein schnelles Ansteigen des Verwurfs auf etwa 150 m im südlichen Feldesteil Neukölln festzustellen, von dem aus nach Norden ein ebenso schnelles Absinken der Verwurfswerte bis auf ein Minimum eintritt. Dieses Minimum ist im südlichen Kernteil des Sattels, wahrscheinlich in unmittelbarer Nähe der Durchörterungsstelle in der Wetterstrecke Neukölln, gelegen und erst von ihm aus nach Norden treten normale Verhältnisse ein, d. h. es erfolgt eine allmähliche Zunahme des Verwurfs — im Nordflankengebiet auf 70 bis 80 m bis auf ein Maximum von etwa 200 m, ungefähr 1500 m nördlich der Markscheide im Felde Prosper, von dem nach Norden ein Absinken der Werte bis zum nördlichen Störungsende im Felde Jacobi festgestellt ist.

Das schnelle Abklingen der geologisch früh gebildeten Mineralparagenese im Felde Neukölln, von der Spuren noch im Aufschluß in der Wetterstrecke Neukölln (Girondelleaufschluß) in Form von Schwarzspäten neben sehr wenig PbS gefunden sind, scheint räumlich mit dem abnormen Verwurfsminimum im Kernteil der Antiklinale zusammenzufallen. Ich möchte daraus schließen, daß die Störung nach dem Anlagevorgang bereits im Sattelkern endete und daß erst als Folge einer jungen Zerrung und einer Posthumbewegung der südlich des abnormen Verwurfsminimums gelegene Störungsteil gebildet wurde. Dafür spricht, daß im südlichen Aufschluß (Durchörterungsstelle Sonnenschein — Fettlappen) nur noch Mineralien der jüngsten Teilparagenese (vornehmlich FeS_2) zu beobachten sind, obgleich gerade hier, in dem als höffig geltenden Horizont, eine reichere Vererzung als Analogon zum Nordflankengebiet zu erwarten gewesen wäre. Außerdem sind die Werte des Zerrungsbetrages, ausgedrückt in der Mächtigkeit der Gangspalte, hier unverhältnismäßig kleiner als im Norden, so klein (50—80 cm), daß mit der Möglichkeit des Auftretens eines zweiten bauwürdigen Erzmittels im Süden in dieser Teufenlage nicht zu rechnen ist. Allenfalls könnte in geringeren Teufen (unter 400 m) mit einer nach oben zunehmenden Spaltenmächtigkeit zu rechnen sein.

γ) Posthumbewegung und junge Abscheidungen. Den Abschluß der PbS-Hauptabscheidungsphase bildet die erste Posthumbewegung. Sie wirkt sich fast ausschließlich am Prospersprung aus, betrifft die ältere Vererzung und führt ihre Kataklase herbei. Die Verwerfung reißt streng im Liegenden auf und dehnt sich wie gesagt wahrscheinlich mehrere 100 m weiter nach Süden aus. In den neu entstandenen Spaltenräumen wird eine junge Mineralgesellschaft von wenig Blende, wenig Bleiglanz und sehr viel Eisenkies relativ schnell abgeschieden. Vielerorts (z. B. Gangstrecke VI. Sohle Norden) entstehen Parallel- und Bogentrümer von $\pm$ reinem Eisenkies. Die räumliche Verbreitung der Kiese ist nicht eingeschränkt durch die für Bleiglanz geltenden Regelmäßigkeiten. Sie treten in allen Störungsteilen auf, selbst in solchen, in denen die petrographischen Verhältnisse eine schnelle Schließung der Spalten durch den Gebirgsdruck begünstigen (z. B. Aufschluß auf der 214 m-Sohle).

Die nun einsetzende Abscheidung von Schwerspat erfolgt anscheinend etwas bevorzugt in den bleireichen Partien, d. h. sie ist mäßig streng an die Sandschieferbrekzien auf der Störung gebunden. Es kommt zur Abscheidung großer Mengen Schwerspat, die oft durch Schwermetallsulfide und Halogenide verunreinigt auf den oberen Abbausohlen (Durchörterungsstelle IV. und V. Sohle) mit beträchtlicher Mächtigkeit aufgeschlossen sind. Der Baryt umgibt den Erzkörper kappenförmig und ist sicher selbst bauwürdig. Die ihm eingelagerten gleichalten und jüngeren Bleiglanze und Kupferkiese können sogar evtl. einen Abbau der barytischen Partien auf Bleiglanz rechtfertigen. Die Sulfide im Schwerspat sind zum Teil altersmäßig ein Übergangsglied zu subrezenten Bildungen, die in jedem Aufschluß des Leviner Erzganges zu beobachten sind.

c. Die Mineralführung des Vondernsprunges

Die Erzführung des Vondernsprunges kann naturgemäß in der Nähe des Leviner Sattels, wo der Sprung westliche Randstörung des Grabens ist (jedenfalls in den oberen Teufen), nicht sehr bedeutend sein, weil die mit der Schollenkippung verbundene Pressung mögliche Abscheidungshohlräume geschlossen hat. Selbstverständlich fehlen Spuren von Bleierzen auch hier nicht. Solche Spuren führten im Niveau der IV. Leviner Sohle zur Mutung. Aussicht für das Auftreten größerer Erzmengen wären m. E. im Felde Neuköln gegeben, weil ja dort nahe der Überschiebung der Prospersprung ausklingt und sich die Zerrungsbeträge — wenn sie nicht generell aus irgendwelchen Gründen kleiner sind — in ihrer ganzen Größe allein am Vondernsprung ausgewirkt haben müssen. Außerdem ist gerade dieser Gebietsteil besonders stark tektonisch beansprucht. Im Verlauf des Sprunges nach Süden sind weitere PbS-Vorkommen bekannt. Das von Boeker (1906) beschriebene Vorkommen analoger Solquellen im Gebiete des Caroluser Sattels (Zeche Carolus Magnus) ließ mich vermuten, daß auch dort Vorkommen von Metallsulfiden und Schwerspat bekannt geworden seien. Meine Vermutungen bestätigte ein ehemals dort beschäftigter Aufsichtsbeamter durch seine Aussagen und durch die Mitteilung über von ihm selbst gesammeltes Material. Markscheiderisch läßt sich der Vondernsprung nach Süden durch den Feldesteil Wolfsbank bis in das Gebiet der Zeche Sälzer Amalie hinein verfolgen. Hier ist im nördlichen Feldesteil im Gebiet des Gelsenkirchener Sattels, an das unmittelbare Liegende von Flöz Finefrau gebunden, eine PbS-führende Störungszone bekannt, doch handelt es sich nur um wenige armdicke Klüfte. Die Vererzung ist eine Lokalerscheinung ohne Beständigkeit. An die gleiche Störungszone knüpfen sich Vorkommen von Schwerspat. Die von der Markscheiderei Amalie als sehr wahrscheinlich vermutete Lage des PbS-Vorkommens auf dem südlichen Teil der Zerrungszone des Vondernsprunges findet in der Analogie des Chemismus der zirkulierenden Solwässer mit den von Levin und Carolus bekannt gewordenen eine Bestätigung (s. Tabelle).

II. DER WILLIAM-KÖHLER-GANG

1. Äußere Übereinstimmungen und Gegensätzlichkeiten mit dem Vorkommen von Christian Levin

Da der Prospersprung, durch geringe Längserstreckung und niedrige Verwurfswerte charakterisiert, nur eine der ganz kleinen Querstörungen des Gebietes ist und das Leviner Vorkommen an ihn und räumlich nur an bestimmte Teile im Nordflankengebiet des unbedeutenden Leviner Sattels geknüpft ist, können die zu erwartenden Erzvorräte — obgleich Gangmächtigkeiten und Erzqualitäten oft ausgezeichnet sind — nicht überwältigend hoch sein. Diese Erkenntnis hat den Abbau der Lagerstätte, gleich ob zu recht oder zu unrecht, immer in seiner Planmäßigkeit beeinflußt, wodurch das Vorkommen der Allgemeinheit bisher wenig bekannt geworden ist.

Im Gegensatz dazu hat sich der William-Köhler-Gang der Gewerkschaft Stein V in Hüls, Kreis Recklinghausen, im Felde der Zeche Auguste Viktoria — das andere der beiden gut erschlossenen Vorkommen des Ruhrgebietes — in den letzten Jahren zu einer der wirtschaftlich bedeutendsten deutschen Pb-Zn-Lagerstätten entwickeln können. Das freilich ist nicht nur auf eine bessere technische Nutzung, sondern hauptsächlich auf sehr viel günstigere geologische Gegebenheiten zurückzuführen. Hier ist es eine der ganz großen Verwerfungen — es ist strittig, ob es sich um die Blumenthaler Hauptverwerfung (nach Kukuk 1938) oder um die Bickefelder Störung (Bode) handelt — die den Zweckel-Auguste-Viktoria-Sattel, eine Spezialaufsattelung des Gladbecker Hauptsattels, stört, normal herzynisch streicht und mit 60—70° steil nach Westen einfällt. Die Verwurfswerte liegen im vererzten Sattelteil ungefähr bei 700 m, was darauf hindeutet, daß die Störung auch eine bedeutende Längserstreckung besitzt. Sie ist in beiden Flanken des Sattels aufgeschlossen und ist im Norden und im Süden Träger je eines mächtigen Erzkörpers. Der Gesamtbetrag der Querzerrung ist nicht kleiner als auf Levin, verteilt sich hier aber anscheinend über eine weniger breite Zone (50—60 m), woraus größere Spaltenmächtigkeiten, im allgemeinen auch größere Erzmächtigkeiten (8—12 m, opt. 18 m), resultieren. Wie auf Levin knüpft sich die Vererzung an die Störungsteile, die durch Sandschieferbrekzien ausgefüllt sind, und die wiederum entstammen auch hier den Sandschieferserien zwischen Dickebank und Girondelle. Beide Erzmittel schieben mit den Brekzienzonen auf der Störung, dem ungefähren Einfallen der Schichten folgend, nach Norden bzw. Süden ein. Wie auf Levin sitzen der Störung große Mengen heißer und konzentrierter NaCl-Lösungen zu. Die Tabelle ermöglicht den Vergleich mit den Solwässern von Selbeck, Amalie und Levin und zeigt wesentliche Unterschiede hinsichtlich der Temperaturen, der NaCl- und $BaCl_2$-Gehalte.

Während im Leviner Erzkörper das porig-zellige Gefüge der Ausfüllungsmasse die Zirkulation der Wässer über die ganze Breite der Störung gestattet, sind die Spaltenräume im Vorkommen von Auguste Viktoria so dicht von Erz ausgefüllt, daß die Zirkulation sich hier hauptsächlich in ± breiten Schlottenzügen abspielen muß. Hier aber sind in analogen Neubildungen von Sulfaten, Chloriden, Oxychloriden und Sulfiden die gleichen Reaktionen zu erkennen, die auch auf Levin zwischen Erzen und Tiefengrundwasser zu beobachten sind. Gerade die sehr jungen, zum Teil subrezenten aus Umbildungsvorgängen resultierenden Sulfide sind hier in so großen Mengen vorhanden, daß sie die Klärung der Abfolgefrage der älteren Erzmineralien störend beeinträchtigen.

Der Charakter der Erze ist wesentlich anders als auf Levin. Sind dort im Ausbringen Pb-Gehalte von 8—12% (und 16—25% bei roh geklaubtem Material) die Regel und nur ganz geringe Mengen Zn und Cu festgestellt, so hat das Fördergut hier gewöhnlich Gehalte von 4% Pb und 6% Zn.

Weil das südliche Erzmittel eines Brandes wegen abgedämmt ist, ist es zur Zeit nur möglich, die

	Selbeck 25° C[1]	Amalie 22° C	Levin 39° C	Stein V 52° C[2]
Na_2O	—	—	—	80,0
Cl	—	63,9	59,28	106,9
NaCl	15,79	—	97,31	—
BaO	—	0,9	—	—
$BaCl_2$	vorhanden	—	0,753	—
$BaSO_4$	—	—	1,211	—
SO_3	—	—	—	wenig
MgO	—	1,62	—	wenig
CaO	—	7,00	—	11,2
SiO_2	—	0,012	—	wenig
Al_2O_3	—	—	—	wenig
FeO	—	—	—	wenig
Co_2	—	0,2	0,098	—

Gehalte in g/l. [1] BOEKER (1906) [2] KUKUK (1938)

Abfolgeverhältnisse im Nordmittel zu studieren. Ich möchte von einer Beschreibung örtlicher Einzelheiten in den Aufschlüssen absehen, weil ich darin keinen Nutzen für diese Arbeit erblicken kann, und mich auch weiterhin auf Vergleiche mit anderen Vorkommen und, wo es in diesem Rahmen nötig ist, auf einfache Ortsangaben beschränken.

2. Übereinstimmungen und Gegensätzlichkeiten in der Abscheidungsfolge

Eine richtige Deutung der Abfolgeverhältnisse halte ich speziell in dieser Lagerstätte nur für möglich, wenn neben der Beobachtung von Feinstrukturen Feldbeobachtungen voll zu ihrem Recht kommen. Der örtlich schnelle Wechsel im Auftreten subrezenter Bleiglanze, Blenden und Eisenkiese bildet im Zusammenwirken mit der Tatsache, daß die älteren Sulfide unter den gleichen Bedingungen gebildet sind — es wird darüber noch ausführlich zu sprechen sein — einen deutlichen Hinweis, daß die erzmikroskopische Untersuchung allein zu keinem vernünftigen Ergebnis kommen kann, weil die Erzmineralien mit örtlich schnell wechselnder Folge zeitlich nebeneinander entstanden sind. Wenn in KUKUKs Geologie (1938) eine Einzelstruktur (ein PbS-Trümchen verwirft ältere Zinkblende) gezeigt und daneben von einer Abscheidungsfolge ZnS, PbS, FeS_2 gesprochen wird, so kann das nur für ein bestimmtes Handstück oder in Konvergenz für eine Anzahl von Handstücken gelten. Ich selbst könnte mit Hilfe gesammelten Materials diese Abfolge auf den Kopf stellen, würde dadurch aber ebensowenig zu einem allgemein gültigen Bild des Folgevorganges kommen. Man denke nur an die große Häufigkeit konzentrisch kokardenartiger Umwachsungen von Gesteinsfragmenten in fünf-, zehn-, ja zwanzig- und mehrfacher Wiederholung verschiedener Folgen, nicht nur von Quarz und Bleiglanz, sondern auch von Bleiglanz, Blende und Eisenkies, und man braucht nur den schnellen örtlichen Wechsel der Einzelsukzessionen und Einzelabscheidungsrhythmen zu beobachten, um sagen zu können, daß man mit einer Beobachtung von Einzelstrukturen allein nicht zum Ziele kommt. Auch der Hinweis KUKUKs, daß sich seine Abscheidungsfolge mit der örtlichen Anordnung vom Hangenden und Liegenden zur Gangmitte hin decke, ist irreführend, da das Schicksal des Ganges von jungen Bewegungen bestimmend beeinflußt wird. Diese Posthumbewegungen führen zum Zerbruch der früh abgeschiedenen Kluftmineralien, und zwar in Ebenen, die nur ganz selten einmal mit der Gangmitte zusammenfallen, sich vielmehr bald ins Hangende, bald mehr zum Liegenden der Störung verfolgen lassen.

Daß in bestimmten Zeitabschnitten der Lagerstättengeschichte das eine oder das andere der Sulfide fast allein in der Gangspalte abgeschieden worden ist, kann man aus dem Auftreten zusammenhängender und verfolgbarer Einzelmittel z. B. von ± reinem Bleiglanz, ±reiner Blende und ± reinem Eisenkies schließen, doch gibt es daneben, wie gesagt, Bildungen von Bleiglanz, Blende und Eisenkies, die offenbar zeitlich nebeneinander entstanden, und zwar zeitlich jung, weil eben sie Einzelmittel von PbS oder ZnS räumlich voneinander trennen.

Ich möchte deshalb unterscheiden:

1. Lageprimäre Sulfide, d. h. solche, die unmittelbar mit dem Einwanderungsvorgang der Sulfide in die Verwerferspalten zusammenhängen. Auf der Basis der Kenntnis der Abfolgen in den leichter zu überblickenden kleineren Lagerstätten des Gebietes ist eine Parallelisierung möglich, wenn — und das ist wohl ziemlich sicher — Herkunft der Erze und Bildungsbedingungen der Einzelvorkommen gleich sind. Diese Sulfide neigen zur Bildung von Einzelmitteln und tragen meist den Stempel einer langen Bildungsdauer.

2. Lagesekundäre Sulfide sind die Sulfide, die nach Abschluß, vielleicht auch schon während des Einwanderungsvorganges durch Umlagerung im Einfluß des Tiefengrundwassers entstanden sind. Als Ausgangsmaterial dienen dem Tiefengrundwasser die lageprimären Sulfide. Durch Vorgänge, die wahrscheinlich den beschriebenen subrezenten Umbildungsvorgängen entsprechen, kommt es zur Bildung relativ leicht löslicher Schwermetallverbindungen. Aus der Verschiedenartigkeit der in Lösung gegangenen Schwermetallionen resultieren im Einfluß von H_2S oder Na_2S lagesekundäre Sulfide. Von engsten örtlichen Bedingungen abhängig, erscheinen sie mit vielgestaltigem und schnellem Wechsel der Abscheidungsfolgen. Es können auf engstem Raum nebeneinander PbS, ZnS und FeS_2 gleichzeitig entstehen. Eine Parallelisierung solcher Bildungen ist naturgemäß nur in ganz seltenen Ausnahmefällen möglich.

Zeitlich sehr frühe Abscheidungen sind auf Stein V wie auf Levin, Selbeck und den Velberter Vorkommen in der gleichen Mineralgesellschaft von Quarz, Ankerit, Kupferkies, Bleiglanz und Blende zu finden. Sind gegenüber den südlichen Vorkommen die Mengen dieser Mineralgesellschaft schon auf Levin relativ klein, so kann man sie hier auf Stein V nur noch als Seltenheiten beobachten. Wie auf Levin, wo in den tieferen hangenden oder liegenden Teilen des Erzkörpers (Aufschlüsse in den Versuchsquerschlägen z. B. VI. Sohle) in undurchlässigen Tonschiefern abgepreßte Relikte der Teilparagenese erhalten sind, treten äquivalente Bildungen auch hier reliktartig in den Versuchsquerschlägen vielerorts (z. B. 3a-Sohle und 1a-Sohle) auf. Durch Vergleich ihrer Mengen in beiden Lagerstätten erkennt man eindeutig eine abermalige Bedeutungsminderung gegenüber den Vorkommen im Süden des Gebietes.

Die auf Levin den frühen Bildungen zeitlich folgenden Bleiglanze der Hauptabscheidung, welche dort Sulfide der Frühabscheidung (Kupferkies) als Kristallisationsbasis wählten, sind gleicherart auch im William-Köhler-Gang vorhanden. Es treten im Nordmittel — durch den Abbau sehr genau bekannt —zwei geschlossene Einzelmittel von reinem, sehr grob kristallinem Bleiglanz auf. Obwohl sie räumlich relativ weit voneinander durch ein mächtiges taubes Mittel und junge Blenden und Mischerze getrennt sind, scheinen sie doch genetisch verbunden durch ihre enge Verknüpfung mit Kupferkies. Der Kupferkies ist auf Stein V — von ganz wenigen sekundären Kristallen abgesehen, die in winzigen Individuen orientiert Zinkblendekristallen in Drusenräumen aufsitzen — nur in der Gesellschaft mit Bleiglanz bekannt geworden. Er sitzt direkt den Gesteinsbruchstücken auf oder ist von diesen durch kleine Mengen eines sehr alten Quarzes getrennt und bildet wie auf Levin oft die Wachstumsgrundlage für den Bleiglanz. Einheitliche PbS-Spaltstücke von 15 cm Kantenlänge (1. Sohle) weisen auch hier auf lange Bildungsdauer hin.

Wird auf Levin die Hauptabscheidung des Bleiglanzes unmittelbar von der ersten Posthumbewegung abgeschlossen, so ist auf Stein V davor noch Zinkblende, und zwar anscheinend in beträchtlichen Mengen in den Spaltenräumen gebildet. An einer ca. 5 cm mächtigen Einzelkluft, die im Revier E unbeeinflußt von jungen Veränderungen des Gesamtgangbildes erhalten geblieben ist, ist die Abscheidungsfolge Quarz, Kupferkies, Bleiglanz, Blende. In dieser Reihenfolge ist die Abscheidung ungestört vor sich gegangen, und erst der Eisenkies folgt auch in diesem Spezialtrum auf den jungen Bewegungsvorgang. Ich konnte diese Abfolge wiederholt beobachten und möchte deshalb auch für den Erzkörper in seiner Gesamtheit annehmen, daß unmittelbar im Anschluß an die Bildung des Bleiglanzes, noch vor dem Eintreten des ersten jüngeren tektonischen Ereignisses, eine Abscheidung von Blende erfolgte. M. E. ist das am Nordende des Nordmittels aufgeschlossene reine Blendemittel altersmäßig hier einzustufen.

Das erste Wiederaufleben der Verwerfer hat sich an der sehr viel bedeutenderen Störung auch sehr viel kräftiger als am Prospersprung im Felde Levin ausgewirkt. Es hat hier zu einer so kräftigen Verformung des Erzganges geführt, daß man auch aus den reliktartig erhaltenen Einzelmitteln das ursprüngliche Gangbild nicht mehr zu rekonstruieren vermag. Ein Teil der älteren Sulfide ist zertrümmert, ist aber in Form eines innigen Sulfidgemisches direkt oder in Umlagerungen erhalten geblieben. Es mag aber auch — als analoge Erscheinung zu den seltenen späten Blenden und Bleiglanzen auf Levin — ein Teil der Mischerze noch neu den Spaltenräumen zugeführt worden sein. Den Abschluß des primären Einwanderungsvorganges bildet m. E. auch hier das plötzliche Erscheinen der Hauptmenge des Eisenkieses.

Noch jüngeren Bildungsalters sind die Schwerspäte auf Auguste Viktoria. Sie treten auf der 3a-Sohle in Gesellschaft mit Eisenkies nicht gerade häufig in selbständigen jungen Gängen auf und sind in der seltenen paragenetischen Verbindung mit Schalenblenden zu beobachten. Ist der Baryt in seiner gegenwärtigen Verbreitung fast völlig auf die tiefgelegenen Abbausohlen beschränkt, so läßt sich seine ehemalige Anwesenheit in den geringeren Gangteufen nicht selten an Pseudomorphosen (Negativabdrücke und Pseudomorphosen von PbS, ZnS und FeS_2 nach sehr großen keilförmigen Baryten, Revier A) zeigen. In subrezenten Bildungen, bedingt durch Einflüsse des der Störung zusitzenden heißen Salzwassers, treten alle Glieder der älteren Paragenese erneut auf, vermehrt durch die Paragenese der sekundären Schwermetallsalze.

D. VERSUCH EINER DEUTUNG DER GENESIS DER LAGERSTÄTTEN

1. Moderne Anschauungen über eine Möglichkeit des Erztransportes in einigen tiefhydrothermalen Pb-Zn-Lagerstätten Nordamerikas

Die nordamerikanischen Pb-Zn-Lagerstätten des Mississippitaltyps (Wisconsin, Illinois, Joplin, Mississippi-Valley), ihrer Entstehung nach tief hydrothermale telemagmatische Bildungen, sind den Vorkommen im Oberbergischen Land und im Ruhrgebiet auffallend ähnlich. Übereinstimmungen sind hinsichtlich der Art und Struktur ihrer Erze, der allgemeinen paragenetischen Verhältnisse vorhanden, und auch genetisch scheint insofern Konvergenz bzw. Analogie zu bestehen, als NEWHOUSE (1933) Einschlüsse von 20 proz. NaCl-Lösungen in Bleiglanzen und Blenden beobachten konnte. Jene Beobachtungen brachten zum ersten Mal Licht in den bisher schwer vorstellbaren Bildungsvorgang der hydrothermalen Lagerstätten der genannten nordamerikanischen Gebiete, weil sich aus der gewonnenen Kenntnis der Natur der Erzlösungen Möglichkeiten für die experimentelle Untersuchung der Bedeutung solcher NaCl-Gehalte für den Transport von Pb- und Zn-Ionen ergaben. GARRELS gelang es 1941, zur Klärung dieser Frage experimentell zu beweisen, daß die wesentliche Bedeutung weniger im NaCl als in der Cl-Ionenkonzentration der Lösungen liegt, von deren Höhe abhängig die Möglichkeit zur Bildung relativ leicht löslicher Pb-Cl- und Zn-Cl-Komplexe gesteuert wird. Wie in jedem anderen Fall bedeutet die Komplexbildung auch hier eine Verminderung der Ionenaktivität, was zur Folge hat, daß zur Fällung der Sulfide aus den Komplexen sehr viel größere Mengen freies H_2S oder Na_2S notwendig sind als aus Lösungen, in denen das Pb oder Zn ionisiert vorhanden ist. GARRELS untersuchte die Abhängigkeit der Ionenaktivitätsänderungen von Änderungen der Cl-Ionenkonzentrationen speziell bei Blei und Zink sehr genau und stellte dabei fest, daß bis zu Gehalten von etwa 0,6% NaCl die Ionenaktivität des Bleies und des Zinks angenähert gleich stark herabgesetzt wird und daß bei steigenden NaCl-Gehalten sich zwar die Wirksamkeit der Pb-Ionen weiter vermindert, die der Zn-Ionen aber schnell wieder ansteigt. In rund 10 proz. NaCl-Lösungen ist die Aktivität der Zn-Ionen soweit erhöht, bzw. die der Pb-Ionen soweit herabgedrückt, daß sich das Zn gegen H_2S verhält als wäre es schwerer löslich als das Pb. Es wird deshalb das Zn aus den Lösungen durch H_2S oder Na_2S an erster Stelle schnell ausgefällt, während das Pb in seinen Komplexen noch darin verbleibt. Nicht normale Teufenunterschiede in den nordamerikanischen Lagerstätten sind für GARRELS ein Beweis, daß der Transport der Pb-Zn-Erze nur über Pb-Cl- und Zn-Cl-Komplexe bei Anwesenheit konzentrierter NaCl-Lösungen erfolgt sein kann; denn es würde natürlich jede Verdünnung der Lösungen eine Ionisation, d. h. eine Zerstörung der Komplexe und eine schnelle Ausfällung der Sulfide des Bleies und des Zinks bedeuten, und zwar nicht in der Folge ZnS-PbS, sondern, der wahren Löslichkeit nach, in der Folge PbS-ZnS.

2. Überlegungen zur Frage der Anwendbarkeit der Beobachtungen GARRELS' auf die Lagerstätten des Ruhrgebietes

Die Verknüpfung der Lagerstätten des Ruhrgebietes mit konzentrierten NaCl-Lösungen, die Ähnlichkeit der Paragenesen mit denen der nordamerikanischen Pb-Zn-Erzgänge fordert, zu überlegen, ob und wieweit Lösungen der Zechsteinsalze primär mit dem Erztransport im Zusammenhang stehen.

Die Beobachtungen GARRELS' spiegeln sich in der räumlichen Verbreitung einzelner subrezenter Neubildungen auf beiden Lagerstätten des Ruhrgebietes wider, besonders deutlich auf Auguste Viktoria. Hier sind, obwohl die Lagerstätte überwiegend Zinklagerstätte ist, hauptsächlich Pb-Cl-Verbindungen (Cotunnit, Caracolit, Phosgenit) und fast keine analogen Zn-Verbindungen zu beobachten. Dagegen sind Neubildungen von Zinkblende in allen Lagerstättenteilen sehr häufig. Subrezent gebildeter Bleiglanz ist relativ selten, knüpft sich in seinem Vorkommen augenfällig an die Nähe junger Störungselemente (z. B. ost-west-streichende junge Störungen 3a-Sohle) und bildet hier kokardenartige rhythmische Verwachsungen mit Quarz. Ich möchte diese Erscheinungen darauf zurückführen, daß in den sehr konzentrierten NaCl-Lösungen sich zwar Pb-Cl-Komplexe, nicht aber Zn-Cl-Komplexe bilden können und daß deshalb in allen Teilen des Erzganges Neubildung von ZnS, nicht aber von PbS erfolgen kann. Sein Auftreten in der Nähe junger Störungen, von denen aus die Diffusion der schwach oder nicht salzigen Oberflächenwässer erfolgen kann, und seine rhythmische Verwachsung mit lateralsekretionär gebildetem sekundärem Quarz ist so zu deuten, daß hier durch Verdünnung und lokale Ionisation, bei der in Lösung vorhandene Pb-Cl-Komplexe zerstört werden, PbS gefällt werden kann.

Die geringe Größe der Flüssigkeitseinschlüsse der älteren Blenden aller Vorkommen gestattet nicht, eine analytische Bestimmung des chemischen Charakters an einem Einzeleinschluß durchzuführen. Zwar lassen sich NaCl-Gehalte in Auszügen aus fein zerriebenen Blenden qualitativ sicher nachweisen, auch dann noch, wenn man das Ausgangsmaterial zuvor mehrfach in heißem destilliertem Wasser wäscht; die so nachzuweisenden NaCl-Gehalte brauchen aber nicht primären, sondern können sekundären Einschlüssen auf jung verheilten Klüften entstammen. Ist es auch auf diese Weise nicht möglich, den Beweis zu führen, daß schon bei der Bildung der Erzgänge Zechsteinsalzlösungen auf den Spalten zirkulierten, so sprechen die Lageverhältnisse der Erzkörper durch Bindung an Trümmerzonen und Sattelflanken doch sehr dafür. Durch die tektonisch bevorzugte Beanspruchung der Sättel wird es gerade hier zum Absickern von Oberflächenwässern kommen, die gerade hier relativ oberflächennah noch unversalzt in die Trümmerzonen auf den Verwerfern diffundieren können, in denen außerdem die Zirkulation der NaCl-Erzlösungen stattfindet. Die bei der Diffusion eintretende partielle Ionisation wirkt filternd, indem sie die Fällung von PbS aus Pb-Cl-Komplexen ermöglicht. Das Nebeneinander verschiedener Wässer — ein NaCl-reicher und zugleich SO_4-freier und ein NaCl-freier, SO_4-reicher Typ — zeigt sich auf Levin und muß besonders schön auf Selbeck zu beobachten gewesen sein, von wo BOEKER (1906) diese Erscheinung beschreibt. Die Fällung des Bleiglanzes der Hauptbildungszeit ist offenbar zeitlich lang andauernd und könnte eine Folge sehr allmählicher Zuflüsse von Oberflächenwässern ins Tiefengrundwasser in einer Zeit sein, in der das Gebiet als Festland Abtragungsvorgängen ausgesetzt war.

Überhaupt spricht der zeitliche Ablauf der Fällung von PbS und ZnS für die Anwesenheit konzentrierter NaCl-Lösungen bei der Bildung der Erzgänge. Während im Süden des Gebietes der auch für die nordamerikanischen Lagerstätten geltende Teufenunterschied ZnS-PbS typisch zu sein scheint —er ist jedenfalls sehr augenfällig, weil die Mengen der älteren Blenden relativ groß sind — wird auf Levin und Stein V erst bei genauerer Untersuchung deutlich, daß der Ablauf auch hier der gleiche ist, und man erkennt außerdem auf Levin eine einmalige, auf Stein V eine zweimalige Wiederholung des Abfolgezyklus in späten Bildungen. Die Ansiedlung der späten Blenden von Auguste Viktoria und Christian Levin in den bereits mit PbS vererzten Störungsräumen könnte ihren Grund eben im gehäuften Auftreten älteren Bleiglanzes haben, weil gerade hier im Rahmen von Umbildungen im Soleneinfluß zur Fällung von ZnS notwendige größere Mengen von H_2S oder Na_2S leicht entstehen können.

Das Auftreten einer jungen Abfolge von ZnS und PbS und der Hauptmenge des Eisenkieses im Anschluß an die erste Posthumbewegung an den Gangspalten wäre im Sinne der Beobachtungen GARRELS' Ausdruck einer allgemeinen, für das ganze Gebiet geltenden, schnellen und relativ starken Verdünnung der konzentrierten Zechsteinsalzlösungen.

Diese Verdünnung darf man wohl den Einflüssen des mit dem Beginn der Kreide transgredierenden Meeres zuschreiben und hat dann in der ersten Posthumbewegung eine Auswirkung der kimmerischen Orogenese zu erblicken.

Vergleiche zwischen der jüngsten, aus Umbildungen resultierenden Paragenese und geologisch älteren Bildungen weisen durch Übereinstimmungen ebenfalls darauf hin, daß die Bildung der Erzkörper bei Anwesenheit von Zechsteinsalzlösungen erfolgt sein muß. Sehr auffällig ist überall die drusige Struktur der Erze, die unabhängig vom Alter, für alle Bildungen typisch, manchmal aber erst an Innenstrukturen, z. B. Wachstumszonen der Einzelmineralien, zu erkennen ist.

Das Auftreten von Mosaikstrukturen, ausgedrückt im Auftreten von Kristallen mit subindividuellem Aufbau, ist für alle Mineralien und für jedes Bildungsalter charakteristisch; dasselbe trifft für den immer deutlichen Zonenbau zu.

Dem Trachtwechsel der Karbonate der Gangmasse im Süden (Velbert-Wülfrath) vom Typ „Oberberge" über „Wülfrath" und „Freiberg" zum Typ „Rüdersdorf" steht eine Beständigkeit des „Freiberger" Typs — selbst bei allerjüngsten Calciten, in ähnlichen flach rhomboedrischen Formen auch bei Ankeriten — in den Erzgängen des Ruhrgebietes gegenüber. Hier zeigt sich eine Unterschiedlichkeit des Lagerstättenschicksals, die m. E. mit dem Versalzungsvorgang derart zusammenhängt, daß nach der Bildung der beiden älteren Typen „Oberberge" und „Wülfrath" im Süden die Versalzung einsetzt. Sie hält im Norden bis in die Gegenwart an und bedingt die Entstehung des Typ „Freiberg" auch noch subrezent, während im Süden, mit der Einflußnahme von Oberflächenwässern auf die Erzgangausbisse, jung wieder Aussüßung und Trachtwechsel, d. h. Auftreten des Typs „Rüdersdorf" eintritt.

Außerdem weist die Lösung der Gangartkarbonate, die auf Levin dem Einwanderungsvorgang der Bleiglanze vorausgeht, auf eine frühe wesentliche Änderung des Chemismus der zirkulierenden Minerallösungen hin.

Das von ZIMMERMANN II (1932) aus Schachtaufschlüssen und Bohrungen im Zechsteinkonglomerat des Ruhrgebietes beobachtete Vorkommen von Toneisen- und Rotspatgeröllen, das auf ein voroberdyadisches Bildungsalter der Minerale schließen läßt, ist hinsichtlich dieser Folgerung sehr interessant. Zweifelhaft erscheint mir aber, ob das Sideritmaterial Siegerländer Gängen entstammt, spricht dagegen doch die leichte Oxydierbarkeit der Verbindung. M. E. läßt sie einen längeren, noch dazu vom Wasser durchgeführten Transport nicht zu. Außerdem sind Spateisen und ± eisenreicher Ankerit so gemeine Mineralien in den Klüften des Karbons, daß ich meinen möchte, die beobachteten Gerölle hätten keinen weiten Transport erlitten, sondern gehörten zum unmittelbaren Untergrund. Bleiglanz- oder Zinkblendegerölle sind im Zechsteinkonglomerat des Gebietes bisher nicht bekannt geworden, wenigstens nicht in der Art, wie sie im Ausgehenden des Selbecker Vorkommens in tertiären, diluvialen und alluvialen Deckschichten vorkommen.

Ich möchte aus alledem schließen, daß die Vererzung der Spaltenräume auf den Verwerfern mit Sulfiden nicht im Zechstein oder davor erfolgte, sondern erst eintrat, nachdem in jüngerer Zeit die Versalzung der Spaltenwässer erfolgt war.

3. Die vermutliche Herkunft der Sulfide

Bekanntlich fällt die Südgrenze der heutigen Zechsteinverbreitung in den Gräben des nordwestlichen Industriegebietes nicht mit dem ursprünglichen Verbreitungsgebiet des Zechsteinmeeres zusammen. Die Ablagerungen haben sich ursprünglich unzweifelhaft weit nach Süden ausgedehnt und sind erst durch Abtragungsvorgänge in präcenomaner Zeit auf ihr gegenwärtiges Verbreitungsgebiet eingeengt worden. Wo die alte Strandlinie nach der Zechsteintransgression speziell hier zu suchen ist, ob am heutigen Nordrand des Bergischen Landes und des Sauerlandes oder ob über diese flachen Randgebiete des Schiefergebirges hinweg weiter im Süden, ist nicht sicher zu sagen. Ich schließe mich der geltenden Ansicht STILLES (1929) an, nach der nur der Kernteil des varistischen Gebirgskörpers vom Zechsteinmeer unbedeckt blieb. Den Abtragungsvorgängen im Vorcenoman unterlagen, mit den Zechsteinablagerungen schlechthin, auch die südlichen Ausläufer salinarer Bildungen, deren Relikte man in Gips- und Anhydriteinschaltungen am unmittelbaren Südrand des heutigen Verbreitungsgebietes erblicken kann. Die Einwanderung der Zechsteinsalze in die Verwerferspalten des alten Gebirges setzt zeitlich mit der allgemeinen Abtragung des Zechsteins ein.

Von der Feststellung ausgehend, daß in einem Zeitabschnitt, begrenzt von Trias und Oberkreide, mit der Abtragung des Gebietes die Umbildung flächenhafter Salzlagerstätten in gangförmige stattfand — denn so kann man die den Verwerferspalten zusitzenden konzentrierten NaCl-Lösungen ja auch auffassen — ist es naheliegend, anzunehmen, daß mit der Zerstörung der Salzlager die Zerstörung des Kupferschiefers und seiner für das Gesamtgebiet des deutschen Zechsteinbeckens typischen Schwermetallsulfidgehalte gleichzeitg eintrat. Die Umbildung flächenhafter Pb-Zn-Cu-Lagerstätten des Kupferschiefers in gangförmige wäre außerdem schicksalsmäßig ein Analogon zum Baryum, dessen weite Verbreitung in feiner Verteilung in den permischen und triadischen Decksedimenten bereits von KRUSCH (1904) bewiesen ist. Es wäre immerhin schwer vorstellbar, daß die im Zechstein gemeinsam vorhandenen Baryum-, Steinsalz- und Schwermetallsulfidgehalte ein verschiedenes Schicksal erlitten hätten, zumal sie von der Abtragung gemeinsam und gleichzeitig betroffen wurden und die Einflüsse von NaCl-Lösungen auf Metallsulfide in den Erzgängen in ihrem ganzen Umfang erkennbar sind.

Kupferschiefer ist im Arbeitsgebiet schon lange bekannt. MIDDELSCHULTE beschreibt ihn bereits 1902 von vielen Punkten und erwähnt in seiner Arbeit, allerdings meist linksrheinisch gelegen, auch Vorkommen von fein verteiltem Bleiglanz in ihm. Auch aus dem Basalkonglomerat des Zechsteins wird von Graf Moltke PbS und FeS_2 in kleinen Mengen und feiner Verteilung beschrieben. KRUSCH (1904) und KUKUK (1938) weisen auf die Häufigkeit geringer Metallgehalte auch im Kupferschiefer Westfalens hin. Da sich aber auch die in jüngster Zeit entstandenen Aufschlüsse auf Bohrungen und Schachtaufschlüsse beschränken, kann man heute noch zu keinem sicheren Bild über die Verteilung der Sulfide im Kupferschiefer des Gebietes kommen. Sicher scheint zu sein, daß die Metallgehalte hier geringer sind als gewöhnlich.

4. Versuch einer Rekonstruktion der Entstehung der Lagerstätten

Wenn ich den Versuch wage, eine Rekonstruktion des Bildungsablaufes der Pb-Zn-Lagerstätten des Ruhrgebietes und des Oberbergischen Landes im Zusammenhang niederzuschreiben, so bin ich mir bewußt, daß das im Rahmen einer so kurzen Arbeit nur in ganz groben Umrissen erfolgen kann. Neue Aufschlüsse werden neue Hinweise und Möglichkeiten zur Klärung spezieller Fragen geben.

Die Anlage der Querverwerfungen ist sehr wahrscheinlich voroberdyadisch; darauf weisen voroberdyadisch gebildete Siderite in Geröllen im Zechsteinkonglomerat hin. Ganz gleich, woher sie nun stammen mögen, ob vom Siegerland oder aus dem unmittelbaren Untergrund, zeigen sie das Vorhandensein sehr alter mineralisch erfüllter Spaltenräume im Arbeitsgebiet oder seiner weiteren Umgebung an. Abgesehen davon darf man sich der geltenden Meinung anschließen, daß eine frühe Querbeanspruchung wie in anderen Teilen des varistischen Gebirges auch hier in der saalischen Phase, an der Wende zwischen Unter- und Oberrotliegend, erfolgte, durch die bevorzugt herzynisch gerichtete Bruchlinien entstanden.

Ziemlich sicher ist, daß zur Zeit der Transgression des Zechsteinmeeres bereits eine frühe Spaltenmineralisierung vorhanden ist, die sich aber wahrscheinlich auf die ältesten Quarze und frühen Ankerite und Siderite beschränkt. Obschon es nicht sicher ist, ob die Erscheinung einer deutlichen Mengenminderung dieser ältesten Mineralwelt von Süden nach Norden hin nicht als Hinweis verwendet werden darf, daß die Einwanderung von Ca- und Fe-Ionen von dem an Kalken und kalkigen Gesteinen reichen Süden aus in das kalkfreie Nordgebiet erfolgte (weil nachweislich bald nach der Abscheidung der Ankerite jedenfalls in den Gängen des Ruhrgebietes ihre Zerstörung dem eigentlichen Vererzungsvorgang voraufging), muß diese Mengenminderung festgestellt werden, weil sie schon aus der Einwanderungsrichtung resultieren kann.

Die Abtragung des varistischen Gebirges, die schon mit der Auffaltung eingesetzt haben wird und während der Zechsteinzeit auf die vom Meere unbedeckt gebliebenen Teile beschränkt ist, breitet sich, vielleicht begünstigt von klimatischen Bedingungen, bereits in der Trias allmählich von Süden nach Norden aus und betrifft zunächst in den südlichen Randgebieten der ehemaligen Zechsteinverbreitung Ausläufer salinarer Ablagerungen und Kupferschiefer gleichzeitig. Mit spezifisch schweren konzentrierten NaCl-Lösungen wandern in Form von Cl-Komplexen die Metallsulfidgehalte des zerstörten Kupferschiefers ins Grundgebirge ein, werden auf den Querverwerfungen des Grundgebirges gesammelt und an sedimentärem FeS_2 bituminöser Gesteine gefällt. Die frühesten Abscheidungen von Metallsulfiden zeigen im engen räumlichen Nebeneinander von ZnS, $CuFeS_2$ und PbS, daß die absickernden konzentrierten NaCl-Erzlösungen auf den Querverwerfern, die vermutlich größere Mengen nicht salziger Wässer führten, schnell und kräftig verdünnt wurden, wodurch eine schnelle und vollständige Ausfällung ihrer Schwermetallgehalte möglich wurde. Erst die fortschreitende Abtragung führt zum Fortschreiten der Versalzung der Spaltenwässer im Süden des Gebietes. Sie werden bald so stark mit NaCl angereichert, daß es hier nur noch zur Ausfällung von Zinkblende und nicht mehr zur Abscheidung von PbS kommt, weil das Pb in seinen Cl-Komplexen immer mehr von seiner Ionenaktivität verliert. Die spezifisch schweren NaCl-Erzlösungen breiten sich auf dem durch die alten Bruchlinien vorgezeichneten Grundwasserstromnetz relativ schnell nach Norden aus und führen eine den südlichen Verhältnissen entsprechende Einwanderung früher Sulfide in ähnlicher Abfolge auch im Norden herbei. Da jedoch die Hauptmasse der älteren Blende bereits im Süden abgeschieden ist, tritt nach Norden fortschreitend eine Verminderung der Bedeutung dieser ältesten Abscheidung ein. Auf Auguste Viktoria scheint die Hauptmenge des Bleiglanzes bereits im unmittelbaren Anschluß an den Kupferkies im Rahmen dieser ersten Versalzung zu entstehen, ohne daß zuvor ältere Zinkblende in nennenswerten Mengen abgeschieden worden wäre. Auf Levin geht der Abscheidung der Hauptmenge des PbS zunächst eine Lösung der alten Gangartkarbonate voraus, vermutlich darum, weil sich an die Versalzung und die Einwanderung früher Sulfide auch das Auftreten mineralischer Säuren knüpft.

In dem Zeitpunkt, mit dem die Spaltenräume des Gesamtgebietes von konzentrierten NaCl-Lösungen erfüllt sind, ist in weiten Teilen des Südgebietes der Zechstein bereits abgetragen und es erfolgen von oben her nur noch Zuflüsse nichtsalziger Oberflächenwässer. Im Norden jedoch setzt sich die Abtragung des Zechsteins fort. Hier werden auf den Spalten aus den zufließenden NaCl-Erzlösungen, wie früher im Süden, erst jetzt die Hauptmengen der Zinkblende abgeschieden, und zwar räumlich auf älteren Sulfiden (auf Auguste Viktoria war es der Bleiglanz in Verknüpfung mit Kupferkies).

Die im Südgebiet einsetzende Zufuhr von versickerndem nicht salzigem Oberflächenwasser von den stark gestörten Sattelgebieten aus und die Diffusion dieser Wässer in den Trümmerzonen auf den Gangspalten — die Trümmerzonen sind zugleich Zirkulationsbahnen der Pb-NaCl-Lösungen — führt eben hier zur Teilionisation der Lösungen und zur allmählichen Bildung der Hauptmenge des PbS (Christian Levin, Velbert). Der Vorgang hat sich über einen langen Zeitraum erstreckt, wofür sich aus der Verbreitung der Bleiglanze Hinweise ergeben und wofür auch die Größe der Kristallindividuen im Verein mit Zonenbau und Einschlüssen spricht. Im Norden dagegen (Auguste Viktoria) setzt sich die Abscheidung der Zinkblende weiterhin fort. Das Pb bleibt dagegen in seinen Cl-Komplexen in Lösung.

Bis zu diesem Zeitpunkt (Wende Jura-Unterkreide) scheint kein tektonisches Ereignis den Vorgang der Abscheidung gestört zu haben. Nun aber setzt kimmerisch eine erneute tektonische Beanspruchung des Gebietes ein, die sich an den alten saalisch angelegten Bruchlinien auswirkt, und dann tritt unmittelbar die Transgression des Kreidemeeres über das Gebiet ein. Sie bewirkt eine grundlegende Veränderung der bisher herrschenden Tiefengrundwasserverhältnisse, indem sie eine plötzliche und starke Verdünnung der Rest-Erzlösungen veranlaßt. Die ruckartige Ionisation führt zur Zerstörung aller in Lösung befindlichen Schwermetallkomplexe und zur plötzlichen Ausfällung großer Mengen von Sulfiden. Im Norden sind dabei noch relativ große Mengen von ZnS und PbS neben FeS_2 entstanden; denn hier hat ja noch kurz zuvor mit der Abtragung des Zechsteins die Einwanderung der Kupferschiefererze stattgefunden. Die hohe Geschwindigkeit der Ausfällung führte zur Bildung feinkörniger Mischerzstrukturen von Blende und Bleiglanz und im Anschluß daran zur Bildung großer Mengen von ebenfalls feinkörnigem FeS_2. Weiter im Süden (Levin) sind die zur Zeit der Transgression noch in den Lösungen vorhandenen Zn- und Pb-Ionen mengenmäßig sehr viel geringer. Hier hat ja auch durch Zuflüsse von Oberflächenwässern schon lange Zeit ihre Ausfällung stattgefunden. Es tritt deshalb im Anschluß an die erste Posthumbewegung hier hauptsächlich FeS_2 als neues Mineral in den Gangspalten auf. Naturgemäß nehmen nach Süden fortschreitend aus dieser Bildungsphase stammende Bleiglanze und Blenden gegen Eisenkies immer mehr ab.

Sehr wahrscheinlich ist bald nach der Transgression des Cenomanmeeres der eigentliche primäre Einwanderungsvorgang der Sulfide in die Gangspalten im Gesamtgebiet abgeschlossen. Zwar wird danach noch von den Störungen aus, die jetzt den Zechstein mitverwerfen, von Norden ausgehend lateralsekretionär eine erneute Versalzung eingesetzt haben. Es werden dabei auch wieder Schwermetallverbindungen mit den Solwässern ins Grundgebirge eingedrungen sein, doch können die Mengen m. E. nur bescheiden sein. Die Einflüsse dieser Versalzung zeigen sich in der Rotfärbung des Grundgebirges an.

In den Teilen des Grundgebirges, die von Deckschichten überlagert sind, bewirkt die neuerliche Versalzung Umbildungsvorgänge, die oben ausführlich beschrieben sind. Sie führen in gewissem Sinne, immer aber in bescheidenem Ausmaß, zu einer Wanderung der Vererzung auf den Spaltenräumen in der Zirkulationsrichtung der Wässer und zu einer oft tiefgreifenden Umgestaltung der Vorkommen. Besonders betroffen ist hiervon der Schwerspat, der wahrscheinlich zum Teil schon früh (vorcenoman) mit den Erzen vom Deckgebirge aus in die Spaltenräume eingewandert ist. Er wird am leichtesten und am weitesten vornehmlich als $BaCl_2$ transportiert und an solchen Stellen erneut ausgeschieden, wo in Reaktion der Solen mit den Sulfiden kleine Mengen leichtlöslicher Sulfate oder freier Schwefelsäure auftreten. In dieser Stellung umgibt er sehr jung kappenförmig den Leviner Erzkörper, während seine Verbreitung auf Auguste Viktoria auf ein relativ hohes Bildungsalter hinweist.

Im Südgebiet, in dem das Grundgebirge unmittelbar zutage tritt, beginnen Oberflächenwässer ihre umgestaltende Tätigkeit mit der Bildung typischer Oxydationszonen. Sie fehlen in den Vorkommen, die noch in der Gegenwart mit NaCl-Lösungen vergesellschaftet sind. Es treten hier als zeitliche Äquivalente subrezent Neubildungen von Sulfaten, Chloriden, Oxychloriden und Sulfiden auf.

Die hydrogeologischen Verhältnisse des Deckgebirges sind sehr viel komplizierter. Hier treten örtlich wechselnd Süßwässer und Solen in verschiedenen Horizonten über- und nebeneinander auf. Wo Solen auftreten, ist aber erst eine der Voraussetzungen gegeben, die notwendig sind für eine Einwanderung von sekundären Schwermetallsulfiden in evtl. vorhandene jüngste Spaltenräume. Die anderen Voraussetzungen, nämlich Zufuhr von Schwermetallionen und zur Fällung notwendiges H_2S oder Na_2S, können vielleicht irgendwo einmal realisiert sein. Ganz sicher aber ist das im Ausgehenden der beiden Erzgänge von Auguste Viktoria und Christian Levin nicht der Fall; denn hier ist aus der Verbreitung subrezenter Sulfide zu schließen, daß von jungen Störungselementen ausgehend noch subrezent die Einwanderung nichtsalziger Wässer erfolgt sein muß, und tatsächlich ist auf der Mergelsohle im Leviner Gebiet nur Süßwasser angetroffen.

Die Einflüsse junger tektonischer Beanspruchungen, die sich zum Teil posthum, zum Teil renegant (i. S. STILLES) den alten Bruchlinien gegenüber verhalten, sind für die spezielle Gestaltung der Lagerstätten zwar von Bedeutung, wirken sich aber auf die Vererzung nur mechanisch aus und bilden höchstens neue Ablagerungsräume für junge sekundäre Umlagerungen der lageprimären Sulfide.

ZUSAMMENFASSUNG

Zum Abschluß möchte ich zusammenfassend feststellen, daß nach meiner Überzeugung die Lagerstätten zwar im Phänotyp Konvergenzen zu echten tief hydrothermalen telemagmatischen Pb-Zn-Lagerstätten darstellen, daß sie genetisch aber als pseudohydrothermale Bildungen zu deuten sind. Ihre Entstehung erfolgte bei Temperaturen von $\pm$ 110° in der Zeit zwischen Trias und Cenomantransgression, durch die die primäre Einwanderung der Sulfide abgeschlossen wird, in einer Zeit also, in der das Gebiet hauptsächlich Abtragungsvorgängen unterworfen war. Sie resultiert aus der Gleichzeitigkeit der Abtragung salinarer Bildungen des Zechsteins und der Erze des Kupferschiefers.

Es wurde gezeigt, daß aus der Disharmonie zwischen der Geschwindigkeit der von Süden nach Norden fortschreitenden Abtragung und der in gleicher Richtung wirksamen Ausbreitung der Versalzung, später dann auch der Aussüßung des Tiefengrundwassers, die Unterschiede der Abfolge in den Einzelvorkommen zu erklären sind. Grundlage für diese Überlegungen bildeten die Beobachtungen von NEWHOUSE (1933) an Lagerstätten des Mississippital-Typs und die Erkenntnis GARRELS' (1941) über die Bedeutung von Cl-Ionenkonzentrationen für die Bildung von Pb-Cl- und Zn-Cl-Komplexen, aus der der far traveller-Charakter besonders des PbS hier resultiert. Ein Hauptteil der Arbeit widmete sich der Beschreibung der Paragenese, besonders des Teils, der subrezent im Einfluß heißer, NaCl-haltiger Wässer in seiner Entstehung zu beobachten ist und die Realisierung der Laboratoriumsbeobachtungen GARRELS' darstellt. Darin lag die Berechtigung und der Anreiz, zu untersuchen, ob die von GARRELS gezogenen Folgerungen in aller Konsequenz in der Natur verwirklicht sind, und das, glaube ich, ist der Fall.

LITERATUR

1. ANGEL, F., & R. SCHARIZER: Grundriß der Mineralparagenese. Wien 1932.
2. BAERTLING & BREDDIN: Erl. z. geol. Karte v. Preuß. u. d. ben. Ländern, Blatt Gelsenkirchen. Berlin 1937.
3. BAERTLING & OBERSTE-BRINK: Die Durchführung einer einheitlichen Gliederung und Flözbenennung für das produktive Karbon des rheinisch-westfälischen Industriebezirkes. — Z. dtsch. geol. Ges. 80 (1928), S. 165 bis 185 (Monatsberichte).
4. BEYSCHLAG, KRUSCH & VOGT: Die Lagerstätten der nutzbaren Mineralien und Gesteine. Stuttgart 1914.
5. BODE: Erzvorkommen im rheinisch-westfälischen Karbon. Unveröffentlichtes Gutachten.
6. BOEKER, H. E.: Die Mineralausfüllung der Querverwerfungsspalten im Bergrevier Werden und einigen angrenzenden Gebieten. — Glückauf 42 (1906), S. 1065.
7. BUTTGENBACH: Heterobrochantit. — Bull. Ann. Soc. geol. belg. 49 (1926), S. 3. Hintze I, 3/2, S. 4224.
8. CARTHAUS, E.: Die Sandbergersche Erzgangtheorie (Lateralsekretion). — Z. prakt. Geol. 4 (1896), S. 107.
9. CUMENGE: Sur une espèce minérale nouvelle découverte dans le gisements de cuivre du Boléo (Basse-Californie, Mexique). — Comp. rend. 116 (1893), S. 898/900. Ref.: N. Jb. Min. (1895) I, S. 10.
10. DELKESKAMP, R.: Die weite Verbreitung des Baryums in Gesteinen und Mineralquellen und die sich hieraus ergebenden Beweismittel für die Anwendbarkeit der Lateralsekretions- und Thermaltheorie auf die Genese der Schwerspatgänge. — Z. prakt. Geol. 10 (1902), S. 117 bis 126.
11. FRIEDENSBURG: Bleiglanz und Blende in den Gängen am Nordrande des Rheinischen Schiefergebirges. — Glückauf 47 (1911), S. 1825/32.
12. GARRELS, R. M.: The Mississippi valley type lead-zinc deposits and the problem of mineral zoning. — Econ. Geol. 36 (1941), S. 729/44.
13. GRODDECK: Über die Erzgänge bei Lintorf. — Z. Berg-Hütt.- u. Salinenw. 29 (1881), S. 201.
14. GRUNER, J. W.: Conditions for the formation of Paragonite. — Amer. Mineral. 27 (1942), S. 131/34.
15. GUILLEMIN: Pholerite. — Ann. Mines 11 (1825), S. 489. Hintze II, S. 835.
16. HINTZE: Handbuch der Mineralogie. — Leipzig 1897 bis 1939.
17. HORNUNG, Ferd.: Die Regionalmetamorphose am Harze. — Diss. Stuttgart 1902.
18. —: Alter und Ursprung des Kupferschiefererzes. — Zur Beurteilung der Mineralbildungen in Salzformationen. — Z. dtsch. geol. Ges. 56 (1904), S. 207.
19. —: Halurgometamorphose. — Z. dtsch. geol. Ges. 56 (1904), S. 57.
20. —: Neues Tatsachenmaterial im Lichte der Harzer Regionalmetamorphose. — Cbl. Min. (1903), S. 358.
21. JACOB: Die östlichen Hauptstörungen im Aachener Becken mit besonderer Berücksichtigung ihres Alters. — Z. prakt. Geol. 10 (1902), S. 321.
22. JARREL, O. W.: Oxydation at Chuquicamata, Chile. — Econ. Geol. 39 (1944).
23. KALB, G.: Die Kristalltracht des Kalkspates in minerogenetischer Betrachtung. — Cbl. Min. 17 (1928), S. 337/39.
24. KUEPPERS: Die Erzlagerstätten im Bergrevier Werden. — Mitt. Markscheidew. 6 (1892), S. 28.
25. KRUSCH, P.: Die Zusammensetzung der westfälischen Spaltenwässer und ihre Beziehungen zur rezenten Schwerspatbildung. — Z. dtsch. geol. Ges. 56 (1904), S. 36.
26. KUKUK, P.: Geologie des Niederrheinisch-Westfälischen Steinkohlengebietes. — Berlin 1938.
27. LARSEN & BERMAN: The microscopic determination of the nonopaque minerals. — 2. Auflg. Washington 1934.
28. MALLARD: Sur la Boléite, la Cumengéite et la Percylite. — Bull. Soc. franc. Miner. 16 (1893), S. 184/95. Ref.: N. Jb. Min. (1895) I, S. 9.
29. MASKELYNE: Brochantite. — Phil. Mag. 29 (1865), S. 475. Hintze I 3/2, S. 4211.
30. MEMPEL: Über das Auftreten von Blei-Zinkerzen im Ruhrkarbon. Notiz i. Jahrb. d. Reichst. f. Bodenf., Berlin 1937, S. 843.
31. MIDDELSCHULTE: Über die Deckgebirgsschichten des Ruhrkohlenbeckens und deren Wasserführung. — Ref.: Z. prakt. Geol. 11 (1903), S. 241.
32. NAGELSCHMIDT, G.: Röntgenographische Untersuchungen an Tonen. — Z. Kristallogr. 87 (1934), S. 120/25.
33. NEWHOUSE, W. H.: The temperature of formation of the Mississippi Valley lead-zinc deposits. — Econ. Geol. 28 (1933), S. 744/50.
34. RAMDOHR, P.: Die orientierten Verwachsungen von Bleiglanz, Cotunnit und Anglesit der Grube Christian Levin bei Essen-Borbeck. — Abh. d. Dtsch. Ak. d. Wiss. z. Berlin. Math.-nat. Klasse. Berlin 1947.
35. RETGERS, J. W.: Boothit. — Z. phys. Chem. 15 (1894), S. 563. Hintze I 3/2, S. 4370.
36. ROSS, C. S.: Sauconite — A clay mineral of the montmorillonite group. — Amer. Mineral. 31 (1946), S. 411.
37. ROSS & KERR: Dickite, a kaolin mineral. — Amer. Mineral. 15 (1930), S. 34/39. Ref.: N. Jb. Min. 1 (1930), S. 224.

38. SADEBECK: Über die Kristallisation des Bleiglanzes. — Z. dtsch. geol. Ges. 26 (1874), S. 617.
39. SCHALLER, W. T.: Boothite. — Bull. Dept. Geol. Univ. Cal. 3 (1903), S. 208. Hintze I 3/2, S. 4370.
40. SCHALLER & STEVENS: The validity of paragonite as a mineral species. — Amer. Mineral. 26 (1941), S. 541 bis 545.
41. SCHARIZER, R.: Beiträge zur Kenntnis der chemischen Constitution und der Genese der natürlichen Ferrisulfate. VII. Z. Kristallogr. 47 (1909), S. 427/53.
42. SCHRADER: Über die Selbecker Erzbergwerke.. — Korrbl. d. naturhist. Vereins f. Rheinl. u. Westf. 41 (1884), S. 59.
43. —: Das Bleierzvorkommen bei Lintorf. — Korrbl. d. naturhist. Vereins f. Rheinld. u. Westf. 37 (1880), S. 60.
44. SCHRAUFF, A.: Neue Mineralvorkommnisse im Graphit von Mugrau, Böhmen. — N. Jb. f. Min. (1877), S. 252 bis 255.
45. SCHROEDER, F.: Die Mineralvorkommen auf den Querverwerfungsklüften des Rheinisch-Westfälischen Steinkohlengebirges. — In KUKUK, P.: Geologie des Niederrheinisch-Westfälischen Steinkohlengebietes. Berlin 1938.
46. SCHWAKE, Fr.: Erzmikroskopische Untersuchung des Kupfererzvorkommens von Nieder-Marsberg (Westfalen). — Chemie d. Erde 9 (1934/35), S. 486/528.
47. SMITH, H.: Paratakamite, a new oxychloride of copper. — Min. Mag. 14 (1907), S. 170/77. Ref.: N. Jb. Min. 2 (1907), S. 355.
48. SPENCER, L. J.: New lead-copper minerals from the Mendip Hills (Somerset) with chemical analyses by E. D. Mountain. — Min. Mag. 20 (1923), S. 67/92. Ref.: N. Jb. Min. 1 (1925), S. 185.
49. STILLE, H.: Die subvariszische Vortiefe. — Z. dtsch. geol. Ges. 81 (1929), S. 339/394.
50. STOCKFLEHT: Das Erzvorkommen auf der Grenze zwischen Lenneschiefer und Massenkalk im Bergrevier Witten. — Glückauf 30 (1894), S. 749.
51. STOIBER, R. E.: Minor elements in sphalerite. — Econ. Geol. 35 (1940), S. 86.
52. WEST, C. D.: Immersion liquids of high refractive index. — Amer. Min. 21 (1936), S. 245/49.
53. WINTER & MOENNIG: Die Wasserstoffionenkonzentration der Grubenwässer. — Glückauf 68 (1932), S. 368.
54. WITTEBORG, W.: Die Paragenesis der Mineralien im Elberfelder Devon-Kalkstein. — Wuppertal-Barmen 1932.
55. ZIMMERMANN II: Kohlenkalk und Kulm des Velberter Sattels im Süden des westfälischen Carbons. — Jb. preuß. geol. Landesanst. 2 (1909), S. 369.
56. —: Siegener Rotspat und Toneisenstein als Geröll im Zechsteinkonglomerat des Niederrheins. — Glückauf 68 (1932), S. 641.

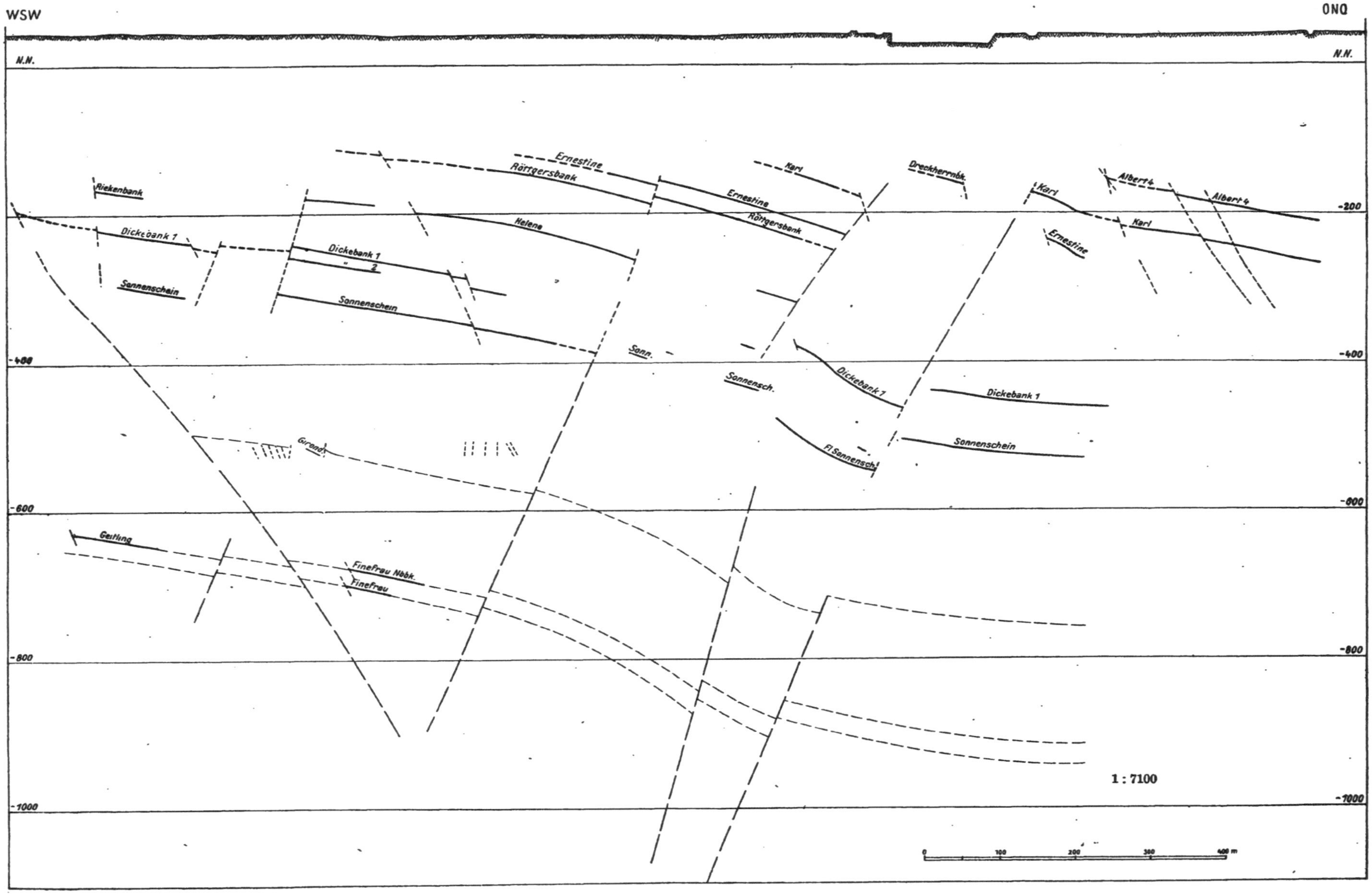

Profil durch den Leviner Graben im Felde König Wilhelm III und IV. Erzführend ist hauptsächlich die steil einfallende Störungszone des Prospersprunges am östlichen Grabenrand.

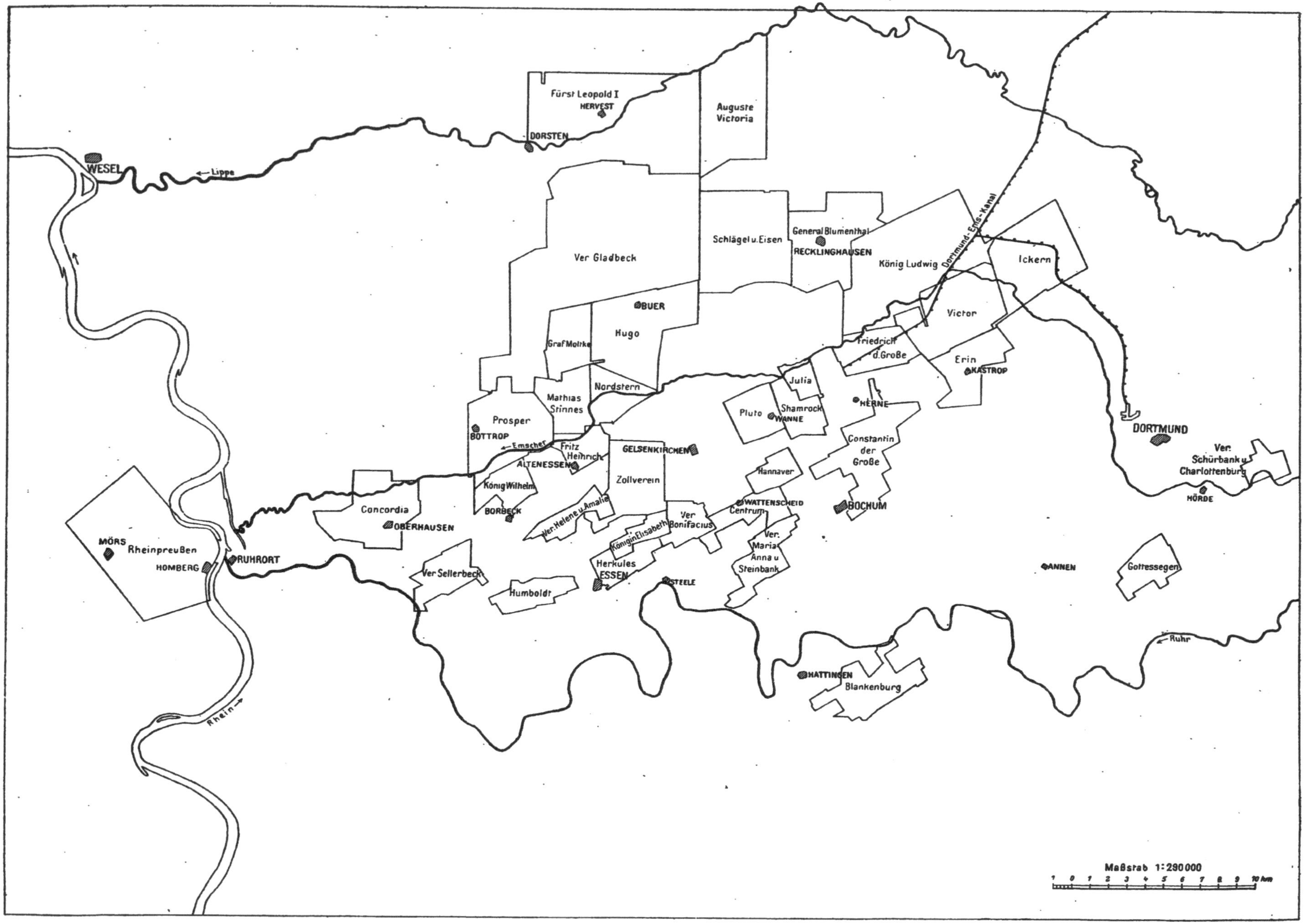

Übersichtskarte der Grubenfelder des Ruhrgebietes, aus denen Fundstellen von Mineralsulfiden und Schwerspat bekannt geworden sind.

FSC
www.fsc.org
MIX
Papier | Fördert gute Waldnutzung
FSC® C083411

Kolibri 360 GmbH
Ferdinand-Jühlke-Straße 7
99095 Erfurt, Deutschland
produktsicherheit@kolibri360.de